高等教育"十三五"规划教材——机械工程

机械原理实验指导

主 编 尹怀仙 王正超

西南交通大学出版社
·成都·

图书在版编目（ＣＩＰ）数据

机械原理实验指导 / 尹怀仙，王正超主编. —成都：西南交通大学出版社，2018.7

高等教育"十三五"规划教材. 机械工程

ISBN 978-7-5643-6286-7

Ⅰ．①机… Ⅱ．①尹… ②王… Ⅲ．①机械原理－实验－高等学校－教材 Ⅳ．①TH111-33

中国版本图书馆 CIP 数据核字（2018）第 156476 号

高等教育"十三五"规划教材——机械工程

机械原理实验指导

	责任编辑／李晓辉
主　编／尹怀仙　王正超	助理编辑／何明飞
	封面设计／何东琳设计工作室

西南交通大学出版社出版发行

（四川省成都市二环路北一段 111 号西南交通大学创新大厦 21 楼　610031）

发行部电话：028-87600564　　　　028-87600533

网址：http://www.xnjdcbs.com

印刷：成都蓉军广告印务有限责任公司

成品尺寸　185 mm×260 mm

印张　5.75　　字数　128 千

版次　2018 年 7 月第 1 版　　印次　2018 年 7 月第 1 次

书号　ISBN 978-7-5643-6286-7

定价　20.00 元

前　言

　　高等学校的实验室是进行教学和科研的重要基地，实验是积累学科优势的基础。没有实验手段就不可能出科研成果，就没有科学的进步和发展，任何新知识、新科技、新发明、新成果都离不开实验验证。实验可以培养学生的动手能力、设计能力、创新能力、分析问题和解决问题的能力，使学生扎实掌握所学的理论知识，适应当前社会新知识、新技术快速发展的需要。

　　本书按照基本实验、提高型实验、研究创新型实验三种不同类型实验编写。遵循由浅到深、由简到繁的学习过程，使学生能系统地掌握本门课程的理论与实践知识。本书可作为高等工科学校机械类专业的实验教材，也可供非机械类专业学生参考。

　　本书中使用计算机进行的实验由青岛财经职业学校王正超负责编写，其余部分由青岛大学尹怀仙负责编写。书中内容的校对和图的绘制由薛文完成，并得到了江启宾、朱磊、李玉浩、任军的协助，在此表示感谢！

　　限于编者水平和编写的时间仓促，书中的不妥疏漏之处恳请广大读者批评指正，并提出宝贵的意见和建议。

编　者

2018 年 4 月

目　录

1 绪 论

1.1 机械原理实验课程的意义

高等教育教学主要由理论教学、实验教学和其他实践环节构成。课程设置以理论教学为主，实验教学是隶属于理论教学的课程实验，其目的主要是巩固和加深理论教学的内容。与欧美等教育发达国家相比，我国高等教育存在理论学时过多、实验训练相对不足的现状。随着社会需求的提高，高校实践教学的现状还不能满足培养高素质人才的需要。目前各高校都在积极推行人才培养改革，而实践教学是培养应用型人才的重要途径，如何加强实践教学环节，提高实践教学质量，对培养高素质应用型人才至关重要。

2015 年教育部深化高等学校创新创业教育改革视频会议提出要修订和完善创新创业教育人才培养方案，强化创新创业实践资源建设和共享，推进协同实践育人机制的形成，建设校园创新创业文化。这对高校实践育人工作提出了新的要求，也为大学生创新创业实践教学指明了方向。

在"大众创业、万众创新"的背景下，高校肩负着为社会发展提供创新创业人才的重任，科学的创新创业实践教学方案的顺利实施，需要有良好的实验实践教学平台做支撑。实验室作为高等学校教学和科研的重要基地，是培养创新型人才的重要基地，实验、实践则是人才培养的重要环节，实验、实践教学是工科学生综合能力培养的重要途径。学生的知识、理论和技能需通过实验和实践来理解、掌握和训练，学生发现问题、分析问题和解决问题能力，创新能力，以及科学精神、协同能力等创新意识需要在实验、实践中培养，这是工科高校开设实验课的主要任务。另一方面，实验室是发现、发明和工程创新的摇篮。大量的发现、发明来自实验室的试验、实验活动，如设在麻省理工学院的林肯实验室、加州理工学院的喷气推进实验室、加州大学的劳伦斯伯克利实验室等，很多诺贝尔奖获得者在这些实验室做出了成果。由此可见，实验室也是衡量学校办学实力和人才培养质量的标志。在新形势下，我们要积极利用先进的实验资源平台，重视实验教学环节，满足教育部实验、实践教学占培养计划学时 25%以上的规定，主动在创新型人才培养中发挥理论教学不可替代的作用。

"机械原理"具有很强的设计性和实践性，是机械类专业的重要基础课。机械原理实验教学是课程教学的一个重要环节，对实现课程教学的目标起着不可或缺的作用。课程的任务不仅是培养学生系统地掌握实验原理、手段和技能，而且还是学生具备将来独立进行工程研究的能力，包括系统实验方案设计、设备选用和过程操作、实验数据分析处理。机械原理实验对后续的机械制造基础、专业课实践环节以及毕业设计都有极为重要的影响和作用。

1.2 机械原理实验课程目标和内容

按照经济建设和社会发展对高素质创新型人才培养的需求，实验内容的设置突出对学生实践动手能力、创新意识与能力的培养。教程坚持实验教学与理论教学相结合、实验教学与科学研究相结合，提高实验教学的质量。

机械原理是机械类专业的一门技术基础课程，而实验课又是与其相配套的极为重要的实践环节。它的主要任务是使学生掌握机构的基础理论、基本知识和基本技能，并初步具有确定机械方案、分析和设计机构的能力。通过实验可以培养学生的动手能力、设计能力、创新能力、分析和解决问题的能力。本课程注重基本实验、提高型实验和创新型实验三种不同类型的实验项目的搭配，以适应当前社会新知识、新技术快速发展的需要。

本书紧密结合机械原理实验教学，全面培养学生的科学作风、实验技能以及综合分析、发现和解决问题的能力。通过实验教学，巩固课程所要求的基本理论知识，加强实践认识，提高实践能力。为体现课程的系统性、实践性和工程性，以"认知、演示、验证实验为基础，以综合创新实验为主线"，设置验证性、综合性、创新性的实验内容，通过"基本技术能力学习→工程实践能力提高→创新实践精神训练"，逐步实现由理论到实践的过渡，以达到巩固专业基础知识的目的，培养学生综合设计及工程实践能力，激发学生的创新意识。

从实验教学层次划分，主要划分为三大类：一是基本型实验。基本性实验教学目标是使学生掌握基本的实验测量技术、实验方法和实验技能，为以后进行更复杂的实验打下基础。通过验证、演示和基本操作等手段，要求学生根据实验指导书的要求，在教师指导下，按照既定的方法和仪器条件完成全部实验过程。但实验过程中不应过分强调验证基础理论知识，而是应以培养基本能力为主，适当地渐进安排设计性和研究性的内容，在巩固和加深课堂教学基本理论知识、培养学生基本实验能力的同时，开拓学生思路，提高学生机械基础方面的分析和设计能力。二是提高型实验。提高型实验教学目标是培养学生的综合设计和实践能力，鼓励学生在实验过程中发挥创新潜力。综合性实验目的是通过实验内容、方法、手段的综合，培养学生进行比较复杂的综合实验的能力和综合分析问题的素养。设计性实验目的在于通过学生对实验的自主设计，培养学生综合应用知识解决问题的能力。在实验过程中，要求学生根据设定的实验目的（实验任务与要求）、给定的实验条件，自行设计实验方案、选择实验方法、选用实验器材、拟订实验程序，自主完成实验任务并对实验结果进行分析处理，从而全面提高学生的素质和创新能力。三是创新型实验。创新性实验教学目标是培养提高学生机械基础工程实践能力和创新能力。创新性实验特点是实验内容的自主性、实验结果的未知性、实验方法与手段的探索性。在实验过程中，要求学生通过查阅资料、设计实验方案、组织实验实施、撰写总结报告的全过程，获取新的知识和经验，得到全面组织实验的锻炼，培养创造性思维能力、创新实验能力、科技开发能力和科技研究能力，从而提高从事科学研究、工程实践和科学实验的素质和能力。从认知性和验证性实验，到设计性和综合性实验，再到创新性和研究性实验，建立三个层次的实验教学新体系，可以满足机械类专业人才的工程实践能力和创新能力的培养要求。

本教材精选了 7 个相对独立的实验项目，系统地考虑了与理论课内容体系的呼应，兼顾基础性、提高性和创新性，能够满足机械类及近机械类专业学生的需要。

1.3 如何学好本课程

本课程是在理论基础上的实践性环节，学生首先必须做好实验准备，了解实验须知，做好理论知识铺垫，弄清实验原理，注意观察实验过程具体细节。为了保证实验顺利进行，要求在实验前做好准备工作，教师在实验前要进行检查和提问，如发现有不合格者，提出批评，甚至停止实验的进行，实验准备工作包括以下几方面内容：

（1）预习好实验指导书。明确实验的目的及要求；搞懂实验原理；了解实验进行的步骤及主要事项，做到心中有底。

（2）准备好实验指导书中规定自带的工具、纸张。

（3）准备好实验数据记录表格。表格应记录些什么数据需自拟。

实验中，学生必须多动手、多提问、多回答，提高口头表达能力。实验后，要根据实验报告中设计的内容要点，书面描述相关的内容。通过撰写报告，一方面提高书面表达能力；一方面加深对实验和结果的理解。

此外，对于每一实验后的若干思考题，应在实验中或课后完成。

2　机械原理认知实验

2.1　概　述

机械是机器和机构的统称，机器是由各种机构组成，一部机器由一种或者多种机构组成，如内燃机是由曲柄滑块机构、齿轮机构、凸轮机构等组合而成。机构的运动形式也是多种多样的，但都是由一些常见的基本机构通过各种组合形式来协调实现的。随着自动化以及机械向着高精度、高速度、高效率的趋势发展，要求设计出更多的新机构与之相适应。通过本实验中可动机构的展示，让学生了解机构的组成原理、机构特点和应用场合，以及运动的传递过程。同时对课程相关的知识点进行回顾，加深印象，也为后面进一步进行机构创新实验开阔思路。

2.2　相关理论知识

所谓机械就是机构与机器的总称。

（1）机构。

机构是用来传递运动和力或运动形式转换的多件实物（机件）的组合体。它可以变换和传递机器之间的运动形式（往复移动变为转动）及速度（高速变低速），如自行车要通过链条传动把脚踏的旋转运动变为后轮的旋转运动，链条就是一种机构；指针手表通过齿轮保持时、分、秒针之间的比例关系，齿轮也是一种机构；折叠式家具及门铰链大多采用的是连杆机构；还有一定功率下电机的输出力矩很小，不能直接使用，通过采用齿轮机构来获得所需的力矩。常见的机构有带传动机构、链传动机构、齿轮机构、凸轮机构、连杆机构、曲柄滑块机构、蜗轮蜗杆传动机构、螺旋机构等。

（2）机器。

机器是根据某种具体使用要求而设计的多件实物（机件）的组合体。由原动部分、传动部分（机构）、执行部分和控制部分组成的执行机械运动的装置，它可以转换和传递能量、物料和信息。如缝纫机可以缝合衣服，它是机器；汽车可以运送物料，它也是机器；打印机可以把电子信息变为纸上可见的信息，它还是机器。这些机器的共同点就是它们都是由多个机构组成的，且都是通过做功来完成机械运动的。

机器虽然是由多个构件组成的，但就内部结构而言，它又都是通过原动机（如电机）带动常用的传动机构（连杆、凸轮、链、同步带、齿轮或行星齿轮）来执行运动的。因此，所谓机器，主要也是由机构组成的。机械原理研究机械，实际上主要研究的是机构。

（3）平面连杆机构。

平面连杆机构是许多构件用低副（转动副和移动副）连接组成的平面机构。

低副是面接触，耐磨损。并且转动副和移动副的接触表面是圆柱面和平面，制造简便，易于获得较高的制造精度。因此，平面连杆机构在各种机械和仪器中应用广泛。连杆机构的缺点是：低副中存在间隙，数目较多的低副会引起运动累积误差，而且它的设计比较复杂，不易精确地实现复杂的运动规律。

平面连杆机构中最常用的是四杆机构，它的构件数目少，且能转换运动。多于四杆的平面连杆机构称多杆机构，它能实现一些复杂的运动，但结构复杂且稳定性差。

（4）空间连杆机构。

空间连杆机构是由若干刚性构件通过低副（转动副、移动副）连接，而各构件上各点的运动平面相互不平行的机构，又称空间低副机构。在空间连杆机构中，与机架相连的构件常相对固定的轴线转动、移动，或既做转动又做移动，也可绕某定点做复杂转动；其余不与机架相连的连杆则一般做复杂的空间运动。利用空间连杆机构可将一轴的转动转变为任意轴的转动或任意方向的移动，也可将某方向的移动转变为任意轴的转动，还可实现刚体的某种空间移位或使连杆上某点轨迹近似于某空间曲线。与平面连杆机构相比，空间连杆机构有结构紧凑、运动多样、工作灵活可靠等特点，但设计困难，制造较复杂。空间连杆机构常用于农业机械、轻工机械、纺织机械、交通运输机械、机床、工业机器人、假肢和飞机起落架等。

（5）凸轮机构。

凸轮机构是由凸轮、从动件和机架三个基本构件组成的高副机构。凸轮是一个具有曲线轮廓或凹槽的构件，一般为主动件，做等速回转运动或往复直线运动。从动件与凸轮轮廓接触，是传递动力和实现预定运动规律的构件，一般做往复直线运动或摆动。从动件能获得较复杂的运动规律，因为从动件的运动规律取决于凸轮轮廓曲线，所以在应用时，只要根据从动件的运动规律来设计凸轮的轮廓曲线就可以了。

凸轮是回转运动或往复运动推动从动件做规定往复移动或摆动的机构。凸轮具有曲线轮廓或凹槽，有盘形凸轮、圆柱凸轮和移动凸轮等，其中圆柱凸轮的凹槽曲线是空间曲线，属于空间凸轮。从动件与凸轮做点接触或线接触，有滚子从动件、平底从动件和尖端从动件等。尖端从动件能与任意复杂的凸轮轮廓保持接触，可实现任意运动，但尖端容易磨损，适用于传力较小的低速机构。为了使从动件与凸轮始终保持接触，可采用弹簧或施加重力。具有凹槽的凸轮可使从动件传递确定的运动，为确动凸轮的一种。一般情况下凸轮是主动的，但也有从动或固定的凸轮。多数凸轮是单自由度的，但也有双自由度的劈锥凸轮。凸轮机构结构简单、紧凑，最适用于要求从动件做间歇运动的场合，广泛应用于各种自动机械、仪器和操纵控制装置。它与液压和气动的类似机构比较，运动可靠，因此在自动机床、内燃机、印刷机和纺织机中得到广泛应用。但凸轮机构易磨损，有噪声，高速凸轮的设计比较复杂，制造要求较高。

（6）齿轮机构。

齿轮机构是现代机械中应用最广泛的一种传动机构，它可以用来传递空间任意两轴间的运动和动力。齿轮机构的优点是结构紧凑、工作可靠、传动平稳、效率高、寿命长、能保证恒定的传动比，而且其传递的功率和适用的速度范围大。齿轮机构广泛用于机械传动中，但是其制造安装费用高、低精度齿轮传动噪声大。

按照一对齿轮传动的传动比是否恒定，齿轮机构可以分为两大类：一是定传动比齿轮机构。其齿轮是圆形的，又称为圆形齿轮机构，是目前应用最广泛的一种。二是变传动比齿轮机构。其齿轮一般是非圆形的，又称为非圆形齿轮机构，仅在某些特殊机械中使用。按照一对齿轮在传动时的相对运动是平面运动还是空间运动，圆形齿轮机构又可以分为平面齿轮机构和空间齿轮机构两类。

在齿轮传动机构的研究、设计和生产中，一般要满足以下两个基本要求：传动平稳，在传动中保持瞬时传动比不变，冲击、振动及噪声尽量小；承载能力大，在尺寸小、重量轻的前提下，要求轮齿的强度高、耐磨性好及寿命长。

（7）周转轮系。

若轮系中至少有一个齿轮的几何轴线不固定，而绕其他齿轮的固定几何轴线回转，则称为周转轮系。通常将具有一个自由度的周转轮系称为行星轮系；将具有两个自由度的行星轮系称为差动轮系。

周转轮系的作用：获得大的传动比，结构紧凑可以实现变速和运动的合成。

（8）其他常用机构。常见的有棘轮机构、槽轮机构、不完全齿轮机构等。

① 棘轮机构的类型很多，从工作原理上可分为轮齿啮合式和摩擦式；从结构上可分为外啮合式和内啮合式；从传动方向上分为单向（单动和双动）式和双向式。棘轮机构是把摇杆的摆动转变为棘轮的间歇回转运动。其优点是轮齿式棘轮机构运动可靠，棘轮转角容易实现有级调节，但在工作过程中棘爪在齿面上滑行，齿尖易磨损并伴有噪声。同时为使棘爪能顺利落入棘轮槽，摇杆摆角应略大于棘轮转角，这样就不可避免地存在空程和冲击，在高速时尤其严重，所以常用在低速、轻载下实现间歇运动。摩擦式棘轮机构传递运动平稳、无噪声，棘轮转角可做无级调节。但由于运动准确性差，不宜用于运动精度要求高的场合。在工程实践中，棘轮机构常用于实现间歇送进（如牛头刨床）、止动（如起重和牵引设备中）和超越（如钻床中以滚子楔块式棘轮机构作为传动中的超越离合器，实现自动进给和快速进给功能）等场合。

② 槽轮机构又称马耳他机构或日内瓦机构，也是常用的间歇运动机构之一。普通平面槽轮机构有外接式槽轮机构和内接式槽轮机构两种类型，它主要是由带有均布的径向开口槽的槽轮、带有圆柱销的拨盘以及机架组成。

需要注意的是，为了使槽轮在开始转动和停止转动时运动平稳、避免冲击，圆销在进槽和出槽的瞬时，其线速度方向均应沿径向槽的中心线方向，以使槽轮在启动和停止的瞬时角速度为零。槽轮机构的特点是结构简单、易加工、效率高，能准确控制转角，运动较平稳，因此在各种自动半自动机械、轻工机械中得到广泛的应用。

③ 不完全齿轮机构也是最常用的一种间歇运动机构。它是由普通齿轮机构演化而来，主动轮为一不完整的齿轮，其上只作出一个或一部分正常齿，而从动轮则是由正常齿和带有内凹锁止弧的厚齿彼此相间地组成的特殊齿轮。当主动轮上的齿与从动轮上的

正常齿啮合时，从动轮转动；当主动轮的无齿圆弧部分（凸锁止弧）与从动轮上的内凹锁止弧接合时，相互配合锁止，从动轮停歇在预定位置上。所以当主动轮做连续转动时，从动轮获得时转时停的间歇运动。外啮合不完全齿轮机构的主、从动轮转向相反；内啮合不完全齿轮机构的主、从动轮转向相同。

不完全齿轮机构与其他间歇运动机构相比，它的结构简单，制造方便，从动轮的运动时间和静止时间的比例不受机构结构的限制。当主动轮匀速转动时，从动轮在其运动期间做匀速转动。但是当从动轮由停歇到突然转动，或由转动到突然停止时，都会产生刚性冲击。因此它不宜用于转速很高的场合。因从动轮在一周转动中可作多次停歇，所以常用于多工位、多工序的自动机械或生产线上，实现工作台的间歇转位和进给运动。

2.3　实验目的

（1）了解各种常用零件的结构、类型、特点及应用，以及机构的组成和运动传递过程。
（2）了解各种典型机械的工作原理、特点、功能及应用。
（3）了解机器的组成，增强对各种零部件的结构及机器的感性认识。
（4）培养学生对机械装置的运动特点及结构分析的能力。

2.4　实验设备和工具

本实验用到的主要设备是配有同步讲解的"机械原理语音多功能控制陈列柜"。本套陈列柜是根据机械原理课程教学内容而设计，借助电脑控制系统形象地演示和解说机器与机构的组成、平面连杆机构、空间连杆机构、凸轮机构、齿轮机构、轮系、间歇运动机构以及组合机构等常见机构的基本类型、结构形态和实际应用。它可以加强学生对机构的感性认识，提高机构设计与应用能力。陈列柜中的模型动作和讲解由大容量语言芯片的微电脑程序控制，用遥控器能使全柜模型按顺序播音，电动模型能自动演示运动。每个柜可以单独演示，也可以手动控制柜内电动模型运动，以适应重点讲解需要，也具有只动作不播音的功能。

陈列柜展示的主要内容如下：
（1）机器与机构的组成。
蒸汽机、内燃机。运动副：转动副、移动副、螺旋副、球面副、曲面副。
（2）平面连杆机构。
铰链机构的形式：曲柄摇杆机构、双曲柄机构、双摇杆机构。
平面四杆机构的演化形式：偏置曲柄滑块机构、对心曲柄滑块机构、正弦机构、双重偏心机构、偏心轮机构、直动滑杆机构、摆动导杆机构、摇块机构、双滑块机构。
（3）平面连杆机构的应用。
颚式碎石机、飞剪、惯性筛、摄影机平台、机车车轮联动机构、鹤式起重机、牛头刨床、插床。

（4）空间连杆机构。

RSSR 空间机构、4R 万向节、RRSRR 角度传动机构、RCCR 联轴节、RCRC 揉面机构（R、P、C、S、H 分别表示转动副、移动副、圆柱副、球面副、螺旋副）。

（5）凸轮机构。

尖端推杆盘形凸轮、平底推杆盘形凸轮、滚子推杆盘形凸轮、摆动推杆盘形凸轮、槽形凸轮、等宽凸轮、端面圆锥凸轮机构、圆柱凸轮机构、反凸轮机构、主回凸轮机构。

（6）齿轮机构。

平面齿轮机构：外啮合直齿轮、内啮合直齿轮、齿轮齿条、斜齿轮、人字齿轮。

空间齿轮机构：直齿圆锥齿轮、斜齿圆锥齿轮、螺旋齿轮、蜗杆蜗轮。

（7）轮系的类型。

定轴轮系：平面定轴轮系和空间定轴轮系。

周转轮系：行星轮系、差动轮系、3K 周转轮系、K-H-V 行星轮系、复合轮系（K、H、V 分别表示中心轮、行星架、输出轴）。

（8）轮系的功用。

较大传动比、分路传动、变速传动、换向传动、运动合成、运动分解、摆线针轮减速器、谐波传动减速器。

（9）间歇运动机构。

棘轮机构：齿式棘轮机构、摩擦式棘轮机构、超越离合器。

槽轮机构：外槽轮机构、内槽轮机构、球面槽轮机构。

其他间歇运动机构：不完全齿轮机构 1、不完全齿轮机构 2、凸轮式间歇机构。

（10）组合机构。

串联机构：联动凸轮组合机构。

并联机构：扇形机构、凸轮-齿轮组合机构。

复合机构：凸轮-连杆组合机构、齿轮-连杆组合机构。

其他组合机构：反馈机构、叠加机构。

2.5　实验步骤

（1）按照机械原理陈列柜所展示的零部件顺序，由浅入深、由简单到复杂进行参观认知，听取讲解员的简要讲解；

（2）边听取讲解，边仔细观察和讨论各种机械零部件的结构、类型、特点及应用范围。

注意事项：实验过程中以观察和思考为主，只允许移动实验台上的机构模型，不要动手拨动陈列柜中的机械零部件。

2.6　思考题

什么是机器？什么是机构？两者有何区别？

2.7 实验报告

机构原理认知实验报告

学生姓名		学　号		组　别	
实验日期		成　绩		指导教师	

1. 写出实验中所观察的机构的名称

2. 思考题答案

3. 心得体会

3　机构运动简图的测绘与分析

3.1　概　述

机构运动简图是用规定的符号按比例画出机械中只与运动有关的构件和运动副的相对位置及其几何尺寸的图形。它相当于机构的运动模型,与原机构有完全相当的运动,可以简明地表达一部机器的传动原理,用于以图解法求机构上任意点的运动和力,以及运动设计方案的比较。机构运动简图能反映各个构件之间的连接关系、运动关系。

该实验属于验证性实验。要了解机器或模型的用途、工作原理、运动传递过程、机构组成情况和机构的结构分类,绘制 5 个机构的运动简图,验算机构自由度,进一步了解机构具有确定运动的条件和有关机构结构分析的知识。

3.2　相关理论知识

（1）零件与构件。

零件:从制造的观点分析机械时,零件是组成机械的最小单元体。任何机械都由许多零件组合而成。

构件:从运动的观点分析机械时,构件是参加运动的最小单元体。构件可以是一个零件,也可以是由多个零件组成的刚性系统。

（2）运动副及其分类。

运动副:由两个构件直接接触而组成的可动的连接。构成运动副的要素:① 两构件要直接接触;② 失去某些相对运动的自由度,并至少保留一个以上相对运动的自由度。运动副中两构件间接触形式:点、线、面（运动副元素）。

运动副的分类:

① 按运动副的接触形式分。

低副:两构件构成面接触的运动副,分为转动副、移动副等。

高副:两构件构成点、线接触的运动副,分为凸轮副、齿轮副、球面副、螺旋副等。

根据一定的条件对平面机构中的高副虚拟地用低副来替代,这种以低副代替高副的方法称为高副低代。高副低代的条件:代替前后机构的自由度不变,代替前后机构的瞬时速度和加速度不变。

② 按相对运动的形式分。

平面运动副:两构件之间的相对运动为平面运动。

空间运动副:两构件之间的相对运动为空间运动。

③ 按运动副引入的约束数分类分。

引入 1 个约束的运动副称为 I 级副，引入 2 个约束的运动副称为 II 级副，引入 3 个约束的运动副称为 III 级副，引入 4 个约束的运动副称为 IV 级副，引入 5 个约束的运动副称为 V 级副。

运动副元素：两构件直接接触而构成运动副的点、线、面部分。

运动链：构件通过运动副的连接而构成可相对运动的系统。

运动链→机构：将运动链中的一个构件固定，并且它的一个或几个构件做给定的独立运动时，其余构件便随之做确定的运动，这样运动链就成了机构。

（3）机构的自由度。

机构的自由度：构件的独立运动数目。空间自由运动有 6 个自由度，平面运动的构件有 3 个自由度。

约束：运动副对构件的独立运动所加的限制。运动副每引入一个约束，构件就失去一个自由度。

约束和自由度的关系：增加一个约束，构件就失去一个自由度。

平面运动副的最大约束数为 2，最小约束数为 1；引入一个约束的运动副为高副，引入两个约束的运动副为低副。

平面机构自由度的计算：机构的自由度取决于活动构件的数目、连接各构件的运动副的类型和数目。

设一个平面机构中共有 n 个活动构件，在用运动副将所有构件连接起来前，这些活动构件具有 $3n$ 个自由度。当 p_h 个高副、p_l 个低副连接成运动链后，这些运动副共引入了 $2p_n + p_l$ 个约束。由于每引入一个约束构件就失去了一个自由度，故整个机构相对于机架的自由度数

$$F = 3n - 2p_h - p_l \qquad (3.1)$$

机构具有确定运动的条件：机构自由度等于机构的原动件数。

计算平面机构自由度的注意事项：

① 复合铰链。

定义：两个以上构件在同一处以转动副相连接，所构成的运动副称为复合铰链。解决问题的方法：若有 k 个构件在同一处组成复合铰链，则其构成的转动副数目应为 $k - 1$ 个。

② 局部自由度。

定义：若机构中某些构件所具有的自由度仅与其自身的局部运动有关，并不影响其他构件的运动，则称这种自由度为局部自由度。

局部自由度经常发生的场合：滑动摩擦变为滚动摩擦时添加的滚子；轴承中的滚珠。

解决的方法：计算机构自由度时，设想将滚子与安装滚子的构件固结在一起，视为一个构件。

③ 虚约束。

在特定几何条件或结构条件下，某些运动副所引入的约束可能与其他运动副所起的

限制作用一致，这种不起独立限制作用的重复约束称为虚约束。

虚约束经常发生的场合：① 两构件之间构成多个运动副时；② 两构件上某两点间的距离在运动过程中始终保持不变时；③ 连接构件与被连接构件上连接点的轨迹重合时；④ 机构中对运动不起作用的对称部分。

（4）典型机构及其特性。

连杆机构（低副机构）：若干个构件通过低副连接所组成的机构。铰链四杆机构是平面四杆机构的基本形式。

曲柄机构：曲柄是在两连杆中能做整周回转的机构。

摇杆：只能在一定角度范围内摆动的构件。

周转副：两构件能做 360° 相对转动的转动副。

摆动副：两构件不能做 360° 相对转动的转动副。

将曲柄摇杆机构中摇杆的长度变为无穷大就形成曲柄滑块机构，主要有偏置曲柄滑块机构和对心曲柄滑块机构。

铰链四杆机构的曲柄存在条件：① 最短杆与最长杆长度之和小于或等于其他两杆长度之和。② 连架杆和机架中有一杆是最短杆。③ 最短杆为连杆时，该机构为双摇杆机构；最短杆为连架杆时，该机构为曲柄摇杆机构；最短杆为机架时，该机构为双曲柄机构。

急回运动：当主动件曲柄等速转动时，从动摇杆摆回的平均速度大于摆出的平均速度，摇杆的这种运动特性称为急回运动。当曲柄与连杆两次共线时，连杆处于两极限位置对应的曲柄位置所夹的锐角称为极位夹角 θ。

$$\theta = \frac{180°(K-1)}{K+1} \tag{3.2}$$

压力角：力 F 与 C 点速度正向之间的夹角 α。

传动角：与压力角互余的角（锐角）。

行程速比系数：从动件空回行程的平均速度 v_2 与工作行程的平均速度 v_1 的比值

$$K = \frac{v_2}{v_1} = (180° + \theta)/(180° - \theta) \tag{3.3}$$

平面四杆机构中有无急回特性取决于极位夹角的大小

有急回运动：$\theta \neq 0$ 时，偏置曲柄滑块机构和导杆机构。

无急回运动：对心曲柄滑块机构和双摇杆机构。

死点位置：压力角为 90°，传动角为 0°。曲柄滑块机构，当滑块为原动件时，存在死点位置。在曲柄滑块机构中改变回转副半径而形成偏心轮机构；曲柄摇杆中只有取摇杆为主动件时才可能出现死点位置，处于死点位置时机构的传动角为 0。

凸轮机构（高副机构）：是由凸轮、从动件、机架及附属装置组成的一种高副机构。

齿轮作用：传递空间任意两轴间的运动和动力。齿轮特点是传动功率大，效率高，传动比精确，使用寿命长，工作安全可靠，要求有较高的制造安装精度，且成本高。

（5）机构运动简图。

机构运动简图：表示机构中各构件间相对运动关系的简单图形。机构运动简图必须与原机械具有完全相同的运动特性。

示意图：只为了表明机械的结构，不按比例来绘制简图。

根据机构的组成原理，任何机构都可以看成由原动件、从动件和机架组成。

原动件：机构中做独立运动的构件。

从动件：机构中除原动件外其余的活动构件。

机架：固定的构件。

任何机构都是由若干基本杆组依次连接于机架和原动件上构成的。基本杆组是最简单的不可再拆的自由度为零的构件组。

设计新机构，绘制运动简图的步骤：选机架→将原动件连接在机架上→将基本杆组依次连接于机架和原动件上。分析已有机构时，分解为机架、原动件及若干基本杆组。

机构的结构分析原则：

首先，从传动关系上远离原动件的部分开始拆分，每拆完一个杆组，剩下的部分仍然是一个完整机构。试拆时，先试拆低级别杆组。

$P=3$，$n=2$ 为Ⅱ级杆组，两杆三副；$P=6$，$n=4$ 为Ⅲ级杆组。工程中大部分机构由Ⅱ级杆组组成。

在满足相同工作要求的前提下，机构的结构越简单越好，杆组级别越低越好，运动副数目越少越好。

3.3　实验目的

（1）对运动副、零件、构件、机构等概念建立实感。

（2）根据各类机械实物或模型，通过对各种常用机构、运动副表示符号的运用，学会绘制机械运动简图。

（3）分析和验证机构自由度，进一步理解机构自由度的概念，掌握机构自由度的计算方法。

（4）加深对机构结构分析的了解。

3.4　实验设备和工具

（1）各类典型机构的实物（如缝纫机头等）；

（2）各类典型机构的模型（如搅拌机、碎石机等）；

（3）钢皮尺、内外卡钳、量角器（根据需要选用）；

（4）三角板、铅笔、橡皮、圆规、草稿纸（自备）。

3.5　实验原理和方法

机构运动简图是工程上常用的一种图形，是用符号和线条来清晰、简明地表达出机构的运动情况，使人对机器的动作一目了然。在机器中各种机构尽管外形和功用各不相同，但同种机构其运动简图都是相同的。

机构的运动仅与机构所具有的构件数目和构件所组成的运动副的数目、类型、相对位置有关。因此在绘制机构运动简图时，可以撇开构件的形状和运动副的具体构造，用简单的线条和规定的符号来代表构件和运动副（见表 3.1~表 3.4），并按一定的比例尺寸表示各运动副的相对位置，以此表明机构的运动特征。

表 3.1　常用机构运动简图符号

名称	基本符号	可用符号	附注
具有 1 个自由度的运动副			
回转副 1. 平面机构 2. 空间机构			
棱柱副 （移动副）			
螺旋副			
具有 2 个自由度的运动副			
圆柱副			
球销副			
具有 3 个自由度的运动副			
球面副			
平面副			

名称	基本符号	可用符号	附注
具有 4 个自由度的运动副			
球与圆柱副			
具有 5 个自由度的运动副			
球与圆柱副			

表 3.2　构件及其组成部分连接的简图图形符号

名称	基本符号	可用符号	附注
机架			
轴、杆			
构件组成部分的永久连接			
组成部分与轴（杆）的固定连接			
构件组成部分的可调连接			

表 3.3　多杆构件及其组成部分的简图符号

名称	基本符号	可用符号	附注
低副机构			细实线所画为相邻构件
单副元素构件			
构件是回转副的一部分 1. 平面机构 2. 空间机构			
机架是回转副的一部分 1. 平面机构 2. 空间机构			
构件是棱柱副的一部分			
构件是圆柱副的一部分			
构件是球面副的一部分			
双副元素构件			
连接两个回转副的构件			

名称	基本符号	可用符号	附注
连杆 1. 平面机构 2. 空间机构			
曲柄（摇杆） 1. 平面机构 2. 空间机构			
偏心轮			
连接两个棱柱副的构件			

表3.4　常见机构的简图符号

名称	基本符号	可用符号	附注
摩擦传动 圆柱轮			
盘形凸轮			钩槽盘形凸轮

续表

名称	基本符号	可用符号	附注
齿条传动 1. 一般表示			
2. 蜗线齿条与蜗杆			
3. 齿条与蜗杆			

3.6 实验步骤

（1）将被测绘的机构缓慢运动，通过观察和分析机构的运动情况和实际组成，先搞清楚机构的原动部分和执行部分，然后循着运动传递路线，找出组成机构的构件，根据相互连接的两构件间的接触情况及相对运动的特点，确定各个运动副的种类，并找出机架、原动件和从动件。

在此应特别注意，当两构件之间的相对运动很微小时，把两个活动构件可能误认为是一个活动构件。由于制造、装配等原因，同一构件的各部分之间有稍许松动时，把一个活动构件可能误认为两个活动构件。

（2）恰当地选择投影面。选择时应以能简单、清楚地把机构运动情况表示清楚为原则。一般选择机构中多数构件的运动平面为投影面，必要时也可以就机械的不同部分选择两个或多个投影面，然后展开到同一平面上。

（3）先测量与机构运动有关的尺寸，选定原动件的位置，根据机构的运动尺寸，确定各运动副的位置（如转动副的中心位置、移动副的导路方位及高副接触点的位置等），并画上相应运动副的符号，然后用简单的线条和规定的符号画出机构运动简图，最后标出构件号数、运动副的代号字母及原动件的转向箭头，并按一定的比例尺画成正式的机构运动简图。机构运动简图的绘图比例尺：

$$比例尺\mu_s = \frac{实际长度_{AB}(\text{m})}{图上长度_{AB}(\text{mm})} \tag{3.4}$$

（4）用选定的比例尺，并按手册规定的运动副和构件的表示方法绘制机构运动简图。当不要求进行定量分析，而只是表示机构的结构和工作原理时，可以不按比例绘图。进行完机构结构分析并选定投影面后可直接进行绘图，此时所绘制的简图称为机构运动简图的示意图。

绘制机构运动简图时，要注意分析机构哪些因素与运动无关，并排除其影响。这些因素主要包括构件的复杂外形、运动副的具体构造、构件的截面形状、组成构件的零件数目及固联方式等。

绘制完后，用数字 1、2、3…分别标注出各构件，用拉丁字母 A、B、C…分别标注出各个运动副，同时，用箭头标出原动件。

（5）计算机构自由度并判断该机构是否具有确定运动。

在计算机构自由度时要正确分析该机构中有几个活动构件、有几个低副和几个高副，并在图上指出机构中存在的局部自由度、虚约束及复合铰链；在排除了局部自由度和虚约束后，再利用公式（3.1）计算机构的自由度，并检查计算的自由度数是否与原动件数目相等，以判断该机构是否具有确定的运动。计算出来的机构自由度数应与机构的原动构件数相一致，否则就应找出错误原因并加以纠正。

（6）示例。

以回转偏心泵（见图3.1）为例，按照实验方法和步骤来绘制该机构的运动简图，并计算其自由度。

① 观察该机构，找出原动件为偏心轮2，偏心轮起着曲柄的作用，连杆3及转块4为从动件，偏心轮2相对机架1绕O点回转，并通过转动副连接带动连杆3运动，连杆3既有往复移动又有相对转动，转块4相对机架做往复转动。通过分析可知，该机构共有3个活动构件和4个低副（3个转动副、1个移动副）。

② 根据该机构的运动情况，可选择其运动平面（垂直于偏心轮轴线的平面）作为投影面。

③ 根据机构的运动尺寸，按照比例尺确定各运动副之间的相对位置，然后用简单的线条和规定的简图符号绘制出机构运动简图，如图3.2所示。

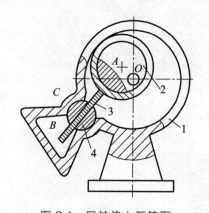

图 3.1　回转偏心泵简图

1—机架；2—偏心轮；3—连杆；4—转块

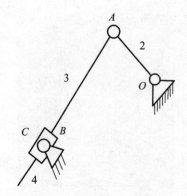

图 3.2　偏心泵机构简图

④ 从机构运动简图可知：活动构件 $n=3$，低副数 $p_l=4$，高副数 $p_h=0$，故机构自由度 $F=3n-2p_h-p_l=3\times3-2\times4-0=1$，而该机构只有一个原动件，与机构的自由度数相同，所以该机构具有确定的运动。

3.7　思考题

（1）一个正确的"机构运动简图"应能说明哪些内容？

（2）绘制机构运动简图时，原动件的位置为什么可以任意选定？会不会影响简图的正确性？

（3）机构自由度的计算对测绘机构运动简图有何帮助？

3.8　实验报告

机构运动简图的测绘和分析报告

学生姓名		学　号		组　别	
实验日期		成　绩		指导教师	

1. 测绘和分析计算

编　号		机构名称		自由度		级　别	

编　号		机构名称		自由度		级　别	

编　号		机构名称		自由度		级　别	

编　号		机构名称		自由度		级　别	

编　号		机构名称		自由度		级别	

2. 思考题答案

4　齿轮范成实验

4.1　概　述

范成加工是利用一对齿轮（或齿轮与齿条）相互啮合时，其共轭齿廓互为包络线的原理来加工齿轮的。在一对渐开线齿轮中，若把其中一个齿轮（或齿条）制成具备切削能力的刀具，另一齿轮为尚未切齿的齿轮毛坯，用刀具加工齿轮时，毛坯与刀具按固定的传动比做对滚切削运动，就可以切出与刀具共轭的具有渐开线齿廓的齿轮。

在工厂实际加工齿轮时，我们无法清楚地看到刀刃包络的过程，通过本次实验，用齿轮范成仪来模拟齿条刀具与轮坯的范成加工过程，将刀具刀刃在切削时曾占有的各个位置的投影用铅笔线记录在绘图纸上。齿轮的渐开线齿形由参加切削的刀齿的一系列连续位置的刃痕线组合而成，并不是一条光滑的曲线，而是由许多折线组成的。我们尽量让折线细密一些，可使齿廓更光滑。在这个实验中，我们能够清楚地观察到齿轮范成的全过程和最终加工出的完整齿形。

用范成法加工齿轮时，只要刀具与被切齿轮的模数和压力角相同，不论被加工齿轮的齿数是多少，都可以用同一把刀具来加工，这给生产带来了很大的方便，因此范成法在生产中得到了广泛的应用。

4.2　相关理论知识

4.2.1　范成法加工刀具

范成法加工时刀具与齿坯的运动就像一对互相啮合的齿轮，最后刀具将齿坯切出渐开线齿廓。一对齿轮做无侧隙啮合传动时，共存在四个基本因素：两个几何因素（两轮的渐开线齿廓）；两个运动因素（两轮的角速度 ω_1 和 ω_2）。在这四个因素中，只要给定其中任意三个因素，就能获得第四个因素。

齿轮刀具加工齿轮时，是已知两个运动因素（利用机床传动系统人为地使刀具与轮坯按 $\omega_{刀}/\omega_{坯}$ 的关系运动）和一个几何因素（刀具的齿廓），通过包络，得到第四个因素——轮坯上的齿廓。

范成法切制齿轮常用的刀具有三种：

（1）齿轮插刀。

齿轮插刀是一个齿数为 z_c 的具有刀刃的外齿轮，用它可加工出模数、压力角与插刀相同而齿数为 z 的齿轮。在切削过程中，齿轮插刀与轮坯之间的相对运动有以下四种：

① 范成运动。相当于一对齿轮的啮合运动。为加工出所需齿数 z，齿轮插刀与轮坯必须以定传动比转动，这是加工齿轮的主运动。

$$i = \frac{\omega_c}{\omega} = \frac{z}{z_c} \qquad (4.1)$$

② 切削运动。为了将齿槽部分的材料切去，齿轮插刀需要沿轮坯轴线方向做往复运动。

③ 进给运动。为了切出轮齿的高度，齿轮插刀需要向轮坯方向移动。

④ 让刀运动。为避免齿轮插刀向上运动时擦伤已形成的齿面，轮坯需要沿径向做微量运动，并在齿轮插刀向下切削到轮坯前恢复到原来的位置。

优点：用同一把刀具可加工出 m、α 均相同而齿数不同的所有齿轮。不仅可加工外齿轮还可以插齿加工内齿轮。

（2）齿条插刀。

齿条插刀切削齿轮时，它与轮坯之间的相对运动也有四种：

范成运动。相当于齿轮与齿条的啮合运动，为了加工出所需齿数 z，齿条插刀的移动速度与轮坯转动的角速度 ω 间的关系应为

$$v_刀 = r\omega = \frac{mz}{2}\omega \qquad (4.2)$$

切削运动、进给运动和让刀运动均与齿轮插刀插齿的相应运动相同。

优点：由于齿条插刀的齿廓为直线，所以，刀具制造精度较高。

共同的缺点：用以上两种齿轮刀具加工齿轮，它们的切削运动都是不连续的，生产率不高，因此在目前生产中广泛采用齿轮滚刀来加工齿轮。

（3）齿轮滚刀。

滚刀的形状像一个螺旋，其在轮坯端面上的投影是一齿条，当滚刀连续转动时，相当于一根无限长的投影齿条向前移动。由于齿轮滚刀一般是单头的，其转动一周，就相当于用齿条插刀切齿时齿条插刀移过一个齿距。所以用滚刀切制齿轮的原理和用齿条插刀切制齿轮的原理基本相同。

加工直齿圆柱齿轮时，由于滚刀的螺旋线必须与直齿轮的齿向一致，因此需要把滚刀轴线倾斜一个螺旋升角。

用齿轮滚刀切制齿轮时，滚刀与轮坯的相对运动有两个：

① 范成运动：为切制出所需齿数 z，滚刀转动时，其轴截面上的假想齿条的移动速度与轮坯转动的角速度 ω 之间的关系如式（4.2）所示。

② 进给运动：为了沿齿宽方向切出完整的齿轮，滚刀还需沿轮坯轴线方向移动。

优点：用同一把刀具可加工出 m、α 均相同而齿数不同的所有齿轮，可以实现连续切削，生产效率高。

齿条插刀和齿轮滚刀统称为齿条型刀具。

4.2.2　根切现象

用范成法加工齿轮时，若刀具的齿顶线（齿顶圆）超过理论啮合线极限点 N 时，被加工齿轮齿根附近的渐开线齿廓将被切去一部分，这种现象称为根切。根切使齿轮的

抗弯强度削弱、承载能力降低、啮合过程缩短、传动平稳性变差，因此应避免根切。图
4.1 所示为齿条插刀加工标准外齿轮的情况，齿条插刀的分度线与齿轮的分度圆相切。
要使被切齿轮不产生根切，刀具的齿顶线不得超过极限啮合点 N。

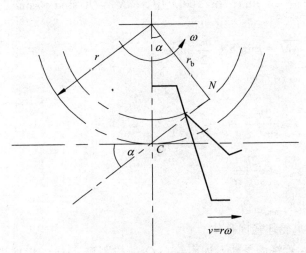

图 4.1　齿条插刀加工标准外齿轮

（1）标准外齿轮。

模数一定时，标准刀具的齿顶高也一定，即刀具的齿顶线位置一定，所以要使刀具
的齿顶线不超过极限啮合点 N，就必须改变 N 点的位置。N 点位置与被切齿轮的基圆半
径有关。基圆半径越小，N 点越靠近节点 C，产生根切的可能性越大。又因为被切齿轮
的模数和压力角与刀具的相同，所以是否会产生根切取决于被切齿轮齿数的多少。因为
被切齿轮的 m 和与刀具相同，所以基圆半径的大小取决于齿数 z，与不产生根切的基圆
半径相对应的齿数称为标准齿轮无根切的最少齿数，用 z_{min} 表示，其数值不难从图 4.2
中的几何关系导出。

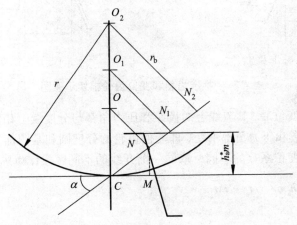

图 4.2　基圆大小影响啮合点位置

要求齿轮加工时无根切，则应满足

$$h_a^* m \leq \overline{NM} \tag{4.3}$$

在 $\triangle CNM$ 中，$\overline{NM} = \overline{CN} \sin\alpha$；在 $\triangle OCN$ 中，$\overline{CN} = \overline{OC} \sin\alpha = r\sin\alpha$，故

$$\overline{NM} = r\sin^2\alpha = \frac{mz}{2}\sin^2\alpha \tag{4.4}$$

由此得

$$z \geq \frac{2h_a^*}{\sin^2\alpha} \tag{4.5}$$

$$z_{\min} \geq \frac{2h_a^*}{\sin^2\alpha} \tag{4.6}$$

$\alpha = 20°$，$h_a^* = 1$ 时，$z_{\min} = 17$。

（2）将刀具远离轮坯径向移位。

如图 4.3 所示，若将齿条插刀远离轮心 O_1 一段距离（xm），齿顶线不再超过极限点 N_1，则切出来的齿轮不会发生根切，但此时齿条的分度线与齿轮的分度圆不再相切。这种改变刀具与齿坯相对位置后切制出来的齿轮称为变位齿轮，刀具移动的距离 xm 称为变位量，x 称为变位系数。刀具远离轮心的变位称为正变位，此时 $x>0$；刀具移近轮心的变位称为负变位，此时 $x<0$。标准齿轮就是变位系数 $x = 0$ 的齿轮。

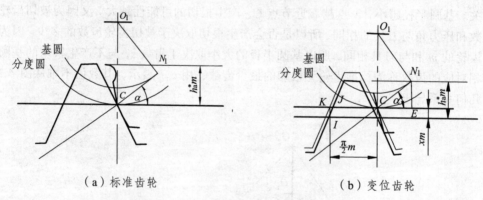

（a）标准齿轮　　　　　　　　　（b）变位齿轮

图 4.3　标准齿轮和变位齿轮根切示意图

由于齿条刀具变位后，其节线上的齿距和压力角都与分度线上相同，所以切出的变位齿轮的模数、齿数和压力角都不变，即变位齿轮的分度圆和基圆都不变，其齿廓渐开线也不变，只是随变位系数的不同，取同一渐开线的不同区段作齿廓。

$$h_a^* m - xm \leq \overline{NM} \tag{4.7}$$

由式（4.4）可知，

$$x \geq h_a^* - z/2\sin^2\alpha \qquad\qquad (4.8)$$

由式（4.6）可得

$$x \geq h_a^*(z_{min} - z)/z_{min} \qquad\qquad (4.9)$$

由此可得最小变位系数为

$$x_{min} = h_a^*(z_{min} - z)/z_{min} \qquad\qquad (4.10)$$

当 $\alpha = 20°$，$h_a^* = 1$ 时，

$$x_{min} = (17 - z)/17 \qquad\qquad (4.11)$$

当 $z<17$ 时，$x_{min}>0$，此时必须采用正变位方可避免根切；当 $z = 17$ 时，$x_{min} = 0$，可以不变位切制标准齿轮，当然也可以正变位；当 $z>17$ 时，$x_{min}<0$，如果需要允许负变位，当然也可不变位，也可正变位。

用同一把齿条刀切出齿数相同的标准齿轮、正变位齿轮及负变位齿轮，它们的模数、压力角、分度圆、齿距及基圆等均相同。

由于 x 的不同，虽然它们的齿廓渐开线均由相同的基圆展出，但因所取的部位不同，故它们的齿顶高、齿根高、齿厚及齿槽宽各不相同。

4.3 实验目的

（1）掌握用范成法加工渐开线齿轮的基本原理，观察齿廓形成的过程。

（2）了解渐开线齿轮产生根切现象的原因和避免根切的方法。

（3）了解刀具变位后轮坯齿形的变化及对齿轮各参数的影响，比较标准齿轮和变位齿轮的异同点。

（4）熟悉渐开线齿廓的基本特征，掌握齿轮各部分的名称及基本尺寸的计算。

4.4 实验设备和工具

4.4.1 实验仪器和工具名称

（1）齿轮范成仪。

（2）圆规、三角尺、剪刀、铅笔。

（3）绘图纸（直径 $\phi280$）。

注：除齿轮范成仪外，其余均由学员自备。

4.4.2 实验设备介绍

本实验所用范成仪的结构如图 4.4 所示。半圆盘 1 可以绕其固定的中心 O 转动，在半圆盘的周缘刻有凹槽，槽内绕有钢丝 2，两根分别固定在半圆盘及纵拖板 3 上的 a、b

和 c、d 处。纵拖板 3 则可在机架 4 上沿水平方向左右移动，形成齿条与齿轮的啮合运动。

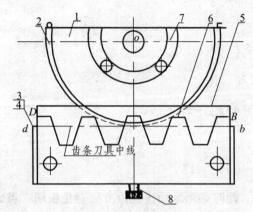

图 4.4　齿轮范成仪

1—半圆盘；2—钢丝；3—纵拖板；4—机架；5—横拖板；
6—刀具；7—压环；8—旋转螺杆

实验时，将画好齿顶圆、分度圆、基圆与齿根圆的齿坯图纸安装在半圆盘 1 上，对准中心由压环 7 压住，并放在齿条（刀具）6 的下面。旋转螺杆 8 使横拖板 5 前后移动，以调整刀具 6（齿条）中线与齿轮坯的分度圆相切（在实验中也可以调整刀具的齿顶线与齿轮的齿根圆相切）。首先将齿轮坯和刀具推到右方的极限位置，并在图纸上用削尖的铅笔描出齿条刀具的齿形，相当于刀具在此位置切削一次留下的刀痕。再将齿条刀具由左向右方推过很小一段距离，此时压紧在圆盘上的图纸将转过一定的角度，并用铅笔描出刀具的轮廓形状，像这样断续移动齿条刀具，认真描出刀具在各个位置上的齿形，直到绘出 2~3 个齿形为止。按此种方法绘制成的是标准齿轮齿廓曲线。

如需描绘正移距变位齿廓，只需调整螺杆 8 使刀具 6 远离齿坯中心，直到刀具齿顶线与变位齿轮的齿根圆相切为止，即可作正移距变位齿轮的齿廓曲线。反之，如将刀具 6 调近轮坯中心，则可相应地描出负移距变位齿轮的齿廓曲线。

4.5　实验原理和方法

一对渐开线齿轮（或齿轮和齿条）啮合传动时，两轮的齿廓曲线互为包络线。用范成法加工齿轮时，其中一轮为形同齿轮或齿条的刀具，另一轮为待加工齿轮的轮坯。刀具与轮坯都安装在机床上，在机床传动链的作用下，刀具与轮坯按齿数比作定传动比的回转运动，与一对齿轮（它们的齿数分别与刀具和待加工齿轮的齿数相同）的啮合传动完全相同。在对滚中刀具齿廓曲线的包络线就是待加工齿轮的齿廓曲线。与此同时，刀具还一面作径向进给运动（直至全齿高），另一面沿轮坯的轴线作切削运动，这样刀具的刀刃就可切削出待加工齿轮的齿廓。由于实际加工时看不到刀刃包络出齿轮的过程，故通过齿轮范成实验来表现这一过程。在实验中所用的齿轮范成仪相当于用齿条型刀具加工齿轮的机床，待加工齿轮的纸坯与刀具模型都安装在范成仪上，由范成仪来保证刀具与轮坯的对滚运动（待加工齿轮的分度圆线速度与刀具的移动速度相等）。对于在对滚中的刀具与轮坯的各个对应位置，依次用铅笔在纸上描绘出刀具的刀刃廓线，每次所描下的刀刃廓线相当于齿坯在该位置被刀刃所切去的部分。这样我们就能清楚地观察到刀刃廓线逐渐包络出待加工齿轮的渐开线齿廓，从而形成轮齿切削加工的全过程。

实验所用的刀具是齿条刀具，该刀具的齿廓 $\alpha = 20°$，模数 $m = 25$，齿顶高系数 $h_a^* = 1$，径向间隙系数 $c^* = 0.25$。被加工齿轮的齿数 $z = 8$，分度圆直径 $d = 200\ mm$，最大变位量为 $+20 \sim -5$。

4.6 实验步骤

（1）根据所给的基本参数，利用公式计算出齿轮的分度圆、基圆、齿顶圆和齿根圆的直径。

分度圆直径 $d = mz$；基圆直径 $d_b = d\cos\alpha$；齿顶圆直径 $d_a = d + 2mh_a^*$。

根据被加工齿轮的参数制作标准齿轮轮坯（$x = 0$）和变位齿轮轮坯（$x = x_{min}$），将两种轮坯各画一半组成一个整圆轮坯图，并在图中画出各自的基圆、分度圆、齿根圆及齿顶圆；沿两个齿顶圆剪掉多余的纸，形成轮坯纸样（见图 4.5）。

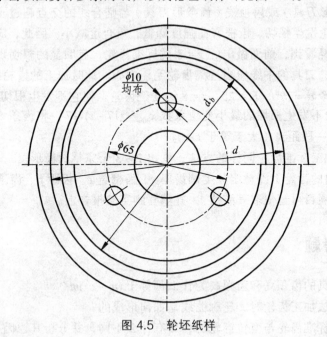

图 4.5 轮坯纸样

（2）展成标准齿轮。

① 拧下范成仪大圆盘上的圆形压环 7，将圆形纸片（轮坯）放在展成仪的托盘 1 上，使二者圆心重合，然后用压环 7 和螺钉将纸片夹紧在托盘上，完成轮坯的装夹过程。

② 旋松齿条形刀具 6 上的螺母，调整刀具的径向位置，将范成仪上齿条的中线与

纵拖板 3 上的标尺刻度零线对准（此时齿条刀具的分度线应与圆形纸片上所画的分度圆相切），完成对刀过程。

③ 将纵拖板 3 推至左（右）极限位置，用削尖的铅笔在圆形纸片（代表被加工轮坯）上画下齿条刀具 6 的齿廓在该位置上的投影线（代表齿条刀具插齿加工每次切削所形成的痕迹）。然后将纵拖板向右（左）移动一个很小的距离（每次移动距离不要太大，每次移动 3~4 mm，以免渐开线不圆滑），此时通过啮合传动带动托盘 1 相应转过一个小角度，再将齿条刀具的齿廓在该位置上的投影线画在圆形纸片上。（注意：应把压着纸的刀具齿廓完全描下，不要漏描，否则渐开线不完全。）连续重复上述工作，绘出齿条刀具的齿廓在各个位置上的投影线，这些投影线的包络线即为被加工齿轮的渐开线齿廓，直至刀具拖板走到另一端不能再走为止（应保证画出 2 个完整齿的渐开线齿廓）。

④ 在所画出的齿轮上测量出分度圆齿厚 s、齿槽宽 e、齿距 p、齿顶厚 s_a 和基圆齿厚 s_b（上述测量项目可近似取其弦值），并填写到实验报告上。

⑤ 观察所加工的标准齿轮的根切现象；观察刀具的齿顶线是否超过了极限啮合点 N；观察和体会渐开线的形成过程和根切的形成过程。

（3）展成正变位齿轮。

用齿条刀具加工 $\alpha = 20°$，$h_a^* = 1$ 的标准齿轮时，若齿数 $z<17$，齿轮靠近齿根圆处基圆以外的部分渐开线将被切掉，即发生根切现象。齿轮发生根切现象的原因是由于刀具的齿顶圆（齿轮形刀具）或齿顶线（齿条形刀具）与啮合线的交点超过了被加工齿轮的极限啮合点。齿轮发生根切，齿根弯曲强度降低，重合度减小。因此，应当尽量避免根切现象。我们已经看到，前面做出的 $z=8$ 的标准齿轮，有明显的根切现象。要使这个齿轮不发生根切，刀具的中线应当远离齿轮毛坯中心。此时加工的齿轮称为变位齿轮。下面我们加工一个 $\alpha = 20°$，$m = 25$，$z = 8$ 的变位齿轮，使它不发生根切。

① 计算齿轮不发生根切的最小变位系数 $x_{min} = (17-z)/17$，将齿条 6 向离开齿坯中心 O 的方向移动一段距离（大于等于 xm）。

② 按前述加工标准齿轮同样的方法，画出 2~3 个完整的齿形。

③ 在所画出的齿轮上测量出分度圆齿厚 s、齿槽宽 e、齿距 p、齿顶厚 s_a 和基圆齿厚 s_b（上述测量项目可近似取其弦值），并填写到实验报告上。

4.7　思考题

（1）齿条刀具的齿顶高和齿根高为什么都等于 $(h_a^* + c^*)m$？

（2）用范成法加工齿轮时，轮廓曲线是如何形成的？

（3）试比较标准齿轮与变位齿轮的齿形有什么不同，并分析其原因。

4.8　实验报告

齿轮范成实验报告

学生姓名		学　号		组　别	
实验日期		成　绩		指导教师	

1. 切削刀具的主要参数

模数 $m =$	齿顶高系数 $h_a^* =$
齿形角 $\alpha =$	径向间隙系数 $c^* =$

2. 计算数据

a. 标准齿轮

序　号	项　　目	公式及计算数值
1	分度圆直径	$d = mz =$
2	基圆直径	$d_b = d\cos\alpha =$
3	齿顶圆直径	$d_a = d + 2mh_a^* =$
4	分度圆齿厚	$s = \dfrac{\pi m}{2} =$

b. 变位齿轮

序　号	项　　目	公式及计算数值
1	变位系数	$x > \dfrac{z_{min} - z}{z_{min}} =$
2	齿条刀变位量	$xm =$
3	分度圆直径	$d = mz =$
4	基圆直径	$d_b = d\cos\alpha =$
5	齿顶圆直径	$d_a = d + 2m(h_a^* + x) =$
6	分度圆齿厚	$s = m\left(\dfrac{\pi}{2} + 2x\tan\alpha\right) =$

$x > 0$ 的变位齿轮和标准齿轮在齿轮参数上的比较			
序　号	项　　目	异　　同	变动结果
1	齿顶圆的直径 d_a		
2	模数 m		
3	齿根圆的直径 d_f		
4	分度圆直径 d		
5	分度圆上的齿厚 s		
6	分度圆上的齿槽宽 e		
7	分度圆上的周节 p		
8	刀具齿形角 α		

3. 齿轮范成图（附图）

4. 思考题答案

　　注：“异同”一栏填“异”或“同”字即可；“变动结果”栏填“增”“减”“相同”即可，
　　　　“增”即表示变位齿轮上的尺寸比标准齿轮上尺寸增大（其余类推）

32

5 渐开线直齿圆柱齿轮参数测定

5.1 概 述

齿轮是最重要的传动零件之一。我们除了经常接触到齿轮的设计、制造工作以外，在进口设备测绘、零件仿制、设备维修及更新设计中还可能接触到齿轮的另一类工作，即齿轮参数测定。这项工作一般是指手头没有现成的图纸、资料，需要根据齿轮实物，用必要的技术手段和工具（量具、仪器等）进行实物测量，然后通过分析、推算，确定齿轮的基本参数，计算齿轮的有关几何尺寸，从而绘出齿轮的技术图纸。

渐开线直齿圆柱齿轮的基本参数有：齿数（z）、模数（m）、压力角（α）、齿顶高系数（h_a^*）、顶隙系数（c^*）和变位系数（x）。

由于齿轮有模数制和径节制之分，有正常齿和短齿等不同齿制，以及标准齿轮和变位齿轮的区别，压力角的标准值也有差异。所以，齿轮在实测工作中，有一定的难度。本次实验要求学生对渐开线直齿圆柱齿轮进行简单的测绘，从而确定它的基本参数，初步掌握齿轮参数测定的基本方法。

5.2 相关理论知识

5.2.1 渐开线的形成

如图 5.1 所示，当一直线 BK 沿一圆周作纯滚动时，直线上任意点 K 的轨迹 AK，就是该圆的渐开线。这个圆称为渐开线的基圆，它的半径用 r_b 表示，直线 BK 叫做渐开线的发生线；角 θ_k 叫做渐开线 AK 段的展角。

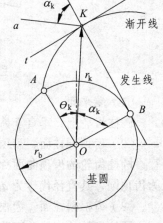

图 5.1 渐开线的形成

5.2.2 渐开线的特性

根据渐开线形成的过程，可知渐开线具有下列的特性。

（1）发生线沿基圆滚过的长度，等于基圆上被滚过的圆弧长度，即 $\overline{BK} = \overparen{AB}$。

（2）因发生线 BK 沿基圆作纯滚动，故它与基圆的切点 B 即为其速度瞬心，所以发生线 BK 即为渐开线在点 K 的法线。又因发生线恒切于基圆，故可得出结论：渐开线上任意点的法线恒与其基圆相切。

（3）还可证明，发生线与基圆的切点 B 也就是渐开线在点 K 的曲率中心，而线段 $\overline{BK}$ 是渐开线在点 K 的曲率半径。因为在该瞬时位置，B 点即为发生线的瞬时转动中心，因此 B 点为渐开线在 K 点的曲率中心。又由图可见渐开线越接近于其基圆的部分，其曲率半径越小。在基圆上其曲率半径为零。

（4）渐开线的形状取决于基圆的大小，在相同展角处，基圆的大小不同，渐开线的曲率也不同。基圆半径愈大，其渐开线的曲率半径也愈大，当基圆半径为无穷大时，其渐开线就变成一条直线。故齿条的齿廓曲线变为直线的渐开线。

（5）基圆内无渐开线。

渐开线的上述这些特性，是研究渐开线齿轮啮合原理的出发点。

顺口溜：

弧长等于发生线，基圆切线是法线，

曲线形状随基圆，基圆内无渐开线。

5.2.3　渐开线直齿圆柱齿轮几何要素的名称和代号

图 5.2 所示为直齿圆柱齿轮的一部分，其主要几何要素如下：

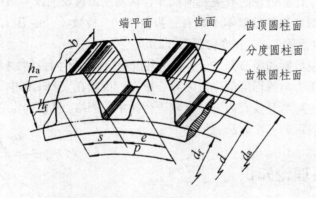

图 5.2　渐开线直齿圆柱齿轮几何要素

（1）端平面。

圆柱齿轮上，垂直于齿轮轴线的表面叫作端平面。

（2）齿顶圆柱面、齿顶圆。

圆柱齿轮的齿顶曲面称为齿顶圆柱面。圆柱齿轮上，齿顶圆柱面与端平面的交线称为齿顶圆，其直径代号为 d_a。

（3）齿根圆柱面、齿根圆。

圆柱齿轮的齿根曲面称为齿根圆柱面。圆柱齿轮上，其齿根圆柱面与端平面的交线称为齿根圆，其直径代号为 d_f。

（4）分度圆柱面、分度圆。

圆柱齿轮的分度曲面称为分度圆柱面。分度曲面是齿轮上的一个假想曲面，齿轮的轮齿尺寸均以此曲面为基准而加以确定。圆柱齿轮的分度圆柱面与端平面的交线称为分度圆，其直径代号为 d。

（5）齿宽。

齿轮的有齿部位沿分度圆柱面的直母线方向量度的宽度称齿宽，代号为 b。

（6）端面齿距。

在齿轮上，两个相邻而同侧的端面齿廓之间的分度圆弧长，称为端面齿距。一般情况下，端面齿距可以简称为齿距，代号为 p。

（7）端面齿厚。

在圆柱齿轮的端平面上，一个齿的两侧端面齿廓之间的分度圆弧长，称为端面齿厚，简称齿厚，代号为 s。

（8）端面齿槽宽。

在端平面上，一个齿槽的两侧齿廓之间的分度圆弧长，称为端面齿槽宽（槽宽），代号为 e。

（9）齿顶高。

齿顶圆与分度圆之间的径向距离称为齿顶高，代号为 h_a。

（10）齿根高。

齿根圆与分度圆之间的径向距离称为齿根高，代号为 h_f。

5.2.4　渐开线直齿圆柱齿轮的基本参数

渐开线直齿圆柱齿轮有齿数 z、模数 m、齿形角 α、齿顶高系数 h_a^* 和顶隙系数 c^* 5 个基本参数，是齿轮各部几何尺寸计算的依据。

（1）齿数 z。

一个齿轮的轮齿总数叫作齿数，用代号 z 表示。模数一定时，齿数越多，齿轮的几何尺寸越大，轮齿渐开线的曲率半径也就越大，齿廓曲线越趋平直。

（2）模数 m。

齿距除以圆周率 π 所得到的商称为模数。模数的代号为 m，单位为 mm。

模数是齿轮几何尺寸计算中最基本的一个参数。由齿距定义可知，齿距与齿数的乘积等于分度圆周长，即

$$pz = \pi d \tag{5.1}$$

为了使分度圆直径成为一个有理数，便于齿轮几何尺寸的计算和制造，人为地规定 p/π 为有理数，即 $m = p/\pi$。可得

$$d = mz \tag{5.2}$$

模数 m 的大小，反映了齿距 p 和轮齿的大小。模数越大，轮齿越大，齿轮所能承受的载荷越大；模数越小，轮齿越小，齿轮所能承受的载荷越小。

齿轮模数已经标准化，国家标准 GB/T 1357—2008《通用机械和重型机械用圆柱齿轮　模数》中对渐开线圆柱齿轮的模数做了具体规定。优先采用 I 系列法向模数，应避免采用第 II 系列中的法向模数 6.5。

（3）齿形角。

齿形角：渐开线齿轮所说的齿形角是指分度圆上的齿形角。

国家标准规定：分度圆上的齿形角 $\alpha = 20°$。

表 5.1　模数 m

Ⅰ系列	Ⅱ系列	Ⅰ系列	Ⅱ系列	Ⅰ系列	Ⅱ系列
1	1.125	4	4.5	16	14
1.25	1.375	5	5.5	20	18
1.5	1.75	6	（6.5）	25	22
2	2.25	8	7	32	28
2.5	2.75	10	9	40	36
3	3.5	12	11	50	45

由渐开线的性质可知，渐开线上任意点处的齿形角是不相等的。在同一基圆的渐开线上，离基圆越远的点处，齿形角越大；离基圆越近的点处，齿形角越小。

分度圆上齿形角的大小对轮齿的形状有影响，当分度圆半径 r 不变时：齿形角减小，则基圆半径 r_b 增大，轮齿的齿顶变宽，齿根变瘦，承载能力降低；齿形角增大，基圆半径 r_b 减小，轮齿的齿顶变尖，齿根变厚，承载能力增大，但传动较费力。

综合考虑传动性能和承载能力，我国规定渐开线圆柱齿轮分度圆上的齿形角 $\alpha = 20°$，采用渐开线上齿形角为 20°左右的一段为轮齿的齿廓曲线。

（4）齿顶高系数 h_a^*。

齿顶高系数：齿顶高与模数之比值。用 h_a^* 表示，即

$$h_a = h_a^* m \tag{5.3}$$

标准直齿圆柱齿轮的齿顶高系数 $h_a^* = 1$。

（5）顶隙系数 c^*。

顶隙：一齿轮的齿顶与另一齿轮的槽底间有一定的径向间隙，用 c 表示。

作用：一对齿轮啮合时，为使一个齿轮的齿顶面不致与另一个齿轮的齿槽底面相抵触，轮齿的齿根高 h_f 应大于齿顶高 h_a，以保证两齿轮正常啮合。顶隙还可以储存润滑油，有利于齿面的润滑。

顶隙系数：顶隙与模数的比值，用 c^* 表示。

标准直齿圆柱齿轮的顶隙系数 $c^* = 0.25$

$$c = c^* m \tag{5.4}$$

所以齿根高 h_f

$$h_f = h_a + c = (h_a^* + c^*)m \tag{5.5}$$

5.2.5　齿轮副的正确啮合条件和连续传动条件

（1）正确啮合条件。

一对齿轮能连续顺利地传动，各对轮齿依次正确啮合互不干涉。为保证传动时不出

现因两齿廓局部重叠或侧隙过大而引起的卡死或冲击现象，必须使两轮的基圆齿距相等，即 $p_{b1} = p_{b2}$。

由

$$p_b = 2\pi r_b/z = 2\pi r\cos\alpha/z$$

$$p_b = p\cos\alpha = \pi m\cos\alpha \tag{5.6}$$

若使

$$p_{b1} = p_{b2}$$

即

$$\pi m_1\cos\alpha_1 = \pi m_2\cos\alpha_2 \tag{5.7}$$

必须

$$m_1\cos\alpha_1 = m_2\cos\alpha_2 \tag{5.8}$$

由于模数 m 和齿形角 α 均已标准化，所以齿轮副的正确啮合条件如下：

① 两齿轮的模数必须相等，$m_1 = m_2$。

② 两齿轮分度圆上的齿形角必须相等，$\alpha_1 = \alpha_2$。

（2）连续传动条件。

为使齿轮副连续顺利地传动，必须保证在前一对轮齿尚未结束啮合，后继的一对轮齿已进入啮合状态。如图 5.3 所示，主动齿轮 O_1 推动从动齿轮 O_2 回转时，每一对轮齿从 B 点开始啮合，传动过程中啮合点沿着啮合线 N_1N_2 移动，到 B' 啮合终止。而当前一对轮齿回转到啮合点 K 时，后继一对轮齿已在 B 点开始啮合，因此在 KB' 段啮合线处两对轮齿同时处于啮合状态，从而保证了传动的连续性。

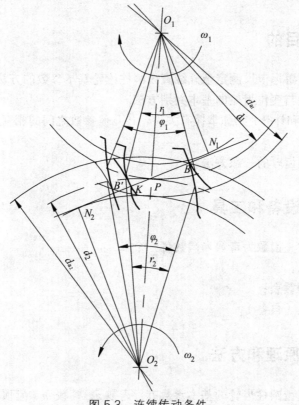

图 5.3　连续传动条件

总作用弧：齿轮在啮合过程中，一个齿面从啮合开始到啮合终止所转过的分度圆弧长。

总作用角：总作用弧所对圆心角，用 φ_y 表示。

齿距角：整个圆周（以角单位表示）与齿数的比值，用 f 表示。对于圆柱齿轮也就是端面齿距所对的圆心角，$\tau = 2\pi/z$（弧度）或 $\tau = 360°/z$。

总重合度：总作用角与齿距角的比值，用 ε_y 表示。

对于直齿圆柱齿轮，总作用角、总重合度可简称为作用角 φ、重合度 ε。

$$\varepsilon = \varphi/\tau \tag{5.9}$$

理论上，当重合度 $\varepsilon = 1$ 时，齿轮副即能连续传动。也就是说，前一对轮齿啮合终止的瞬间，后继的一对轮齿正好开始啮合。实际上必须使 $\varepsilon > 1$，才能可靠地保证传动的连续性。由于制造、安装误差的影响，重合度 ε 越大，传动越平稳。对于一般的齿轮传动，连续传动的条件是 $\varepsilon \geq 1.2$。对于直齿圆柱齿轮（$\alpha = 20°$，$h_a^* = 1$）来说，$1 < \varepsilon < 2$。注意：中心距分离时，重合度会降低。

（3）无侧隙啮合传动条件。

为了避免齿轮在正转和反转的传动中发生冲击，要求相啮合的轮齿没有齿侧间隙。即一个齿轮齿厚的两侧齿廓与相啮合的另一个齿轮的齿槽两侧齿廓在两条啮合线上均紧密相切接触。

$$s_1' = e_2' , \quad s_2' = e_1' \tag{5.10}$$

5.3　实验目的

（1）掌握应用游标卡尺测定渐开线直齿圆柱齿轮基本参数的方法；通过参数测量，从中掌握标准齿轮与变位齿轮的基本判别方法。

（2）通过测量和计算，熟练掌握有关齿轮各几何参数之间的相互关系和渐开线性质的知识。

（3）学会测量齿厚的一般方法。

5.4　实验设备和工具

（1）齿轮一对（齿数为奇数和偶数各一个）；

（2）游标卡尺；

（3）渐开线函数表；

（4）计算工具（自备）。

5.5　实验原理和方法

单个渐开线直齿圆柱齿轮的基本参数有：齿数 z、模数 m、齿顶高系数 h_a^*、分度圆

压力角 α、变位系数 x；一对渐开线直齿圆柱齿轮啮合的基本参数有：啮合角 α'、顶隙系数 c^*、中心距 a。

本实验是用游标卡尺来测量轮齿，并通过计算得出一对直齿圆柱齿轮的基本参数。其原理和方法如下：

（1）确定齿轮的模数 m 和压力角 α。

要确定 m 和 α，首先应测出基圆齿距 p_b，因渐开线的法线切于基圆，基圆切线与齿廓垂直。标准直齿圆柱齿轮公法线长度的计算如下：

如图 5.4 所示，若卡尺跨 n 个齿，其公法线长度为

$$l_n = (n-1)p_b + s_b \tag{5.11}$$

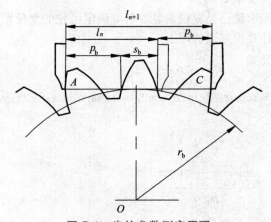

图 5.4　齿轮参数测定原理

同理，若卡尺跨 $n+1$ 个齿，其公法线长度应为

$$l_{n+1} = np_b + s_b \tag{5.12}$$

所以

$$l_{n+1} - l_n = p_b \tag{5.13}$$

又因

$$p_b = p\cos\alpha = \pi m\cos\alpha \tag{5.14}$$

所以

$$m = \frac{p_b}{\pi\cos\alpha} \tag{5.15}$$

式中，p_b 为齿轮基圆周节，它由测量得到的公法线长 l_n 和 l_{n+1} 求得；α 可能是 15°也可能是 20°，故分别用 15°和 20°代入算出两个模数，取其模数最接近标准值的一组 m 和 α，即为所求齿轮的模数和压力角。

为了使卡尺的两个卡角能保证与齿廓的渐开线部分相切，所需的跨齿数 n 按下式计算：

$$n = \frac{\alpha}{180} z + 0.5 \tag{5.16}$$

或直接由表 5.2 查得。

表 5.2　跨齿数 n 查询表

z	$12 \sim 18$	$19 \sim 27$	$28 \sim 36$	$37 \sim 45$	$46 \sim 54$	$55 \sim 63$	$64 \sim 72$
n	2	3	4	5	6	7	8

（2）确定齿轮的变位系数 x。

要确定齿轮是标准齿轮还是变位齿轮，就要确定齿轮的变位系数。因此，应将测得的数据代入下列公式计算出基圆齿厚 s_b。

根据基圆的齿厚公式：

$$s_b = s \cos\alpha + 2r_b \text{inv}\alpha = m\left(\frac{\pi}{2} + 2x\tan\alpha\right)\cos\alpha + 2r_b \text{inv}\alpha \tag{5.17}$$

得

$$x = \frac{\dfrac{s_b}{m\cos\alpha} - \dfrac{\pi}{2} - z\text{inv}\alpha}{2\tan\alpha} \tag{5.18}$$

式中，s_b 可由以上公法线长度公式求得，即

$$s_b = l_{n+1} - np_b \tag{5.19}$$

将式（5.19）代入式（5.18），即可求出变位系数 x。

（3）确定齿轮的齿顶高系数 h_a^* 和顶隙系数 c^*。

当被测齿轮的齿数为偶数时，可用卡尺直接测得齿顶圆直径 d_a 及齿根圆直径 d_f。如果被测齿轮齿数为奇数时，则应先测量出齿轮轴孔直径 $d_孔$，然后再测量孔到齿顶的距离 $H_顶$ 和轴孔到齿根的距离 $H_根$。根据齿轮齿根高的计算公式：

$$h_f = \frac{mz - d_f}{2} \tag{5.20}$$

$$h_f = m(h_a^* + c^* - x) \tag{5.21}$$

式（5.20）中齿根圆直径 d_f 可用游标卡尺测定，因此可求出齿根高 h_f。在式（5.21）中仅 h_a^* 和 c^* 未知，由于不同齿制的 h_a^* 和 c^* 均为已知标准值，故分别用正常齿制 $h_a^* = 1$，$c^* = 0.25$ 和短齿制 $h_a^* = 0.8$，$c^* = 0.3$ 两组标准值代入，符合式（5.20）的一组即为所求的值。

（4）确定一对互相啮合的齿轮的啮合角 α' 和中心距 a。

一对互相啮合的齿轮，用上述方法分别确定其模数 m、压力角 α 和变位系数 x_1，x_2

后，可用下式计算啮合角 α' 和中心距 a：

$$\mathrm{inv}\,\alpha' = \frac{2(x_1 + x_2)}{z_1 + z_2}\tan\alpha + \mathrm{inv}\,\alpha \tag{5.22}$$

$$a = \frac{m}{2}(z_1 + z_2)\frac{\cos\alpha}{\cos\alpha'} \tag{5.23}$$

实验时，可用游标卡尺直接测定这对齿轮的中心距 a'，测定方法如图 5.5 所示。首先使该对齿轮做无齿侧间隙啮合，然后分别测量齿轮的孔径 d_{k1}，d_{k2} 及尺寸 b，由此得

$$a' = b + \frac{1}{2}(d_{k1} + d_{k2}) \tag{5.24}$$

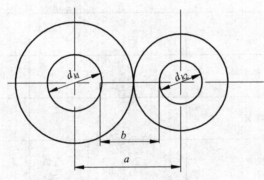

图 5.5　中心距的测定

5.6　步骤和要求

（1）直接数齿轮的齿数 z。

（2）由式（5.15）计算或查表得测量时卡尺的跨齿数 n。

（3）测量公法线长度 l_n 和 l_{n+1} 及齿根圆直径 d_f、中心距 a'，读数精确到 0.01 mm。注意每个尺寸应测量 3 次，记入实验报告附表，取其平均值作为测量结果。

（4）逐个计算齿轮的参数，记入实验报告附表，最后将计算的中心距与实测的中心距进行比较。

5.7　思考题

（1）通过两个齿轮的参数测定，试判别该对齿轮能否互相啮合。如能，则进一步判别它们的传动类型是什么？

（2）在测量齿根圆直径 d_f 时，对齿数为奇数和偶数的齿轮在测量方法上有什么不同？

（3）测量齿轮公法线长度是根据渐开线的什么性质？

5.8 实验报告

渐开线直齿圆柱齿轮参数的测定实验报告

学生姓名		学　号		组　别	
实验日期		成　绩		指导教师	

1. 参数测定与计算

	齿 轮 编 号								
测量数据	齿　数 z								
	跨齿数 n								
	测量次数	1	2	3	平均值	1	2	3	平均值
	n 齿公法线 l_n								
	$n+1$ 齿公法线 l_{n+1}								
	孔径 d_k								
	偶数齿齿根圆直径 d_f								
	奇数齿 $d_{孔}$								
	奇数齿 $H_{根}$								
	奇数齿齿根圆直径 d_f								
	尺　寸 b								
	中心距 a'								

计算数据	基圆周节 p_b		
	模　数 m		
	压力角 α		
	齿顶高系数 h_a^*		
	顶隙系数 c^*		
	基圆齿厚 s_b		
	分度圆直径 d		
	变位系数 x		
	啮合角 α'		
	中心距 a		
	中心距的相对误差 $\dfrac{a-a'}{a}$		

2. 思考题回答

6　回转构件的动平衡实验

6.1　概　述

常用机械中包含着大量做旋转运动的零部件，例如各种传动轴、主轴、电动机和汽轮机的转子等，统称为回转体。在理想的情况下，回转体旋转与不旋转时对轴承产生同样的压力，这样的回转体是平衡的回转体。但工程中的各种回转体，由于材质不均匀或毛坯缺陷、加工及装配中产生的误差，甚至设计时就具有非对称的几何形状等多种因素，使得回转体在旋转时，其上每个微小质点产生的离心惯性力不能相互抵消，离心惯性力通过轴承作用到机械及其基础上，引起振动，产生了噪声，加速轴承磨损，缩短了机械寿命，严重时能造成破坏性事故。为此，必须对转子进行平衡，使其达到允许的平衡精度等级，或使因此而产生的机械振动幅度降到允许的范围内。

回转构件动平衡是现代机械的一个重要问题，尤其是高速机械在运转时所产生的不平衡惯性力将在运动副中引起附加的动压力，这不仅会增大运动副中的摩擦和构件中的内应力，也会降低机械效率和使用寿命。因此，掌握回转构件动平衡的原理和方法具有特别重要的意义。

6.2　相关理论知识

静平衡在转子一个校正面上进行校正平衡，校正后的剩余不平衡量，以保证转子在静态时是在许用不平衡量的规定范围内，所以静平衡又称单面平衡。

动平衡在转子两个校正面上同时进行校正平衡，校正后的剩余不平衡量，以保证转子在动态时是在许用不平衡量的规定范围内，所以动平衡又称双面平衡。

在转子的设计阶段，尤其在设计高速转子及精密转子结构时，必须进行平衡计算，以检查惯性力和惯性力矩是否平衡。若不平衡，则需要在结构上采取措施，以消除不平衡惯性力的影响，这一过程称为转子的平衡设计。转子的平衡设计分为静平衡设计和动平衡设计，静平衡设计指对于 $D/b \geq 5$ 的盘状转子，近似认为其不平衡质量分布在同一回转平面内，忽略惯性力矩的影响。动平衡设计指径宽比 $D/b < 5$ 的转子（如多缸发动机曲轴、汽轮机转子等），其特点是轴向宽度较大，偏心质量可能分布在几个不同的回转平面内，因此，不能忽略惯性力矩的影响。此时，即使不平衡质量的惯性力达到平衡，惯性力矩仍会使转子处于不平衡状态。由于这种不平衡只有在转子运动时才能显示出来，因此称为动不平衡。为避免动不平衡现象，在转子设计阶段，根据转子的功能要求设计转子后，需要确定出各不同回转平面内偏心质量的大小和位置，然后运用理论力学

中平行力的合成与分解的原理,将每一个离心惯性力分解为分别作用于选定的两平衡基面内的一对平行力,并在每个平衡基面按平面汇交力系求解,从而得出两个平衡基面分别所需的平衡配重的质径积大小和位置,然后在转子设计图纸上加上这些平衡质量,使设计出来的转子在理论上达到平衡。

转子的动平衡设计:

为了消除动不平衡现象,在设计时需要首先根据转子结构确定出各个不同回转平面内偏心质量的大小和位置。然后计算出为使转子得到动平衡所需增加的平衡质量的数目、大小及方位,并在转子设计图上加上这些平衡质量,以便使设计出来的转子在理论上达到动平衡,这一过程称为转子的动平衡设计。

在图 6.1(a)中,设转子上的偏心质量 m_1,m_2 和 m_3 分别在回转平面 1,2,3 内,其质心的向径分别为 r_1,r_2,r_3。当转子以等角速度转动时,平面 1 内的偏心质量 m_1 所产生的离心惯性力的大小为 $F_1 = m_1 r_1 \omega^2$。如果在转子的两端选定两个垂直转子轴线的平面 T',T'',并设 T' 与 T'' 相距 l,平面 1 到平面 T',T'' 的距离分别为 l_1',l_1'',则 F_1 可用分解到平面 T' 和 T'' 中的力 F_1',F_1'' 来代替。由理论力学的知识可知

$$F_1' = \frac{l'}{l} F_1 \tag{6.1}$$

$$F_1'' = \frac{l''}{l} F_1 \tag{6.2}$$

式中,F_1',F_1'' 分别为平面 T',T'' 中向径为 r_1 的偏心质量 m_1',m_1'' 所产生的离心惯性力。由此可得

$$F_1' = m_1' r_1 \omega^2 \tag{6.3}$$

$$F_1'' = m_1'' r_1 \omega^2 = \frac{l''}{l} m_1 r_1 \omega^2 \tag{6.4}$$

同理得

$$\left. \begin{array}{l} m_1' = \dfrac{l_1''}{l} m_1, \quad m_1'' = \dfrac{l_1'}{l} m_1 \\[2mm] m_2' = \dfrac{l_2''}{l} m_2, \quad m_2'' = \dfrac{l_2'}{l} m_2 \\[2mm] m_3' = \dfrac{l_3''}{l} m_3, \quad m_3'' = \dfrac{l_3'}{l} m_3 \end{array} \right\} \tag{6.5}$$

以上分析表明:原分布在平面 1,2,3 上的偏心质量 m_1,m_2,m_3,完全可以用平面 T',T'' 上的 m_1' 和 m_1'',m_2' 和 m_2'',m_3' 和 m_3'' 所代替,它们的不平衡效果是一样的。经过这样的处理后,刚性转子的动平衡设计问题就可以用静平衡设计的方法来解决了。

对于平面 T'，

$$m_b'r_b' + m_1'r_1' + m_2'r_2 + m_3'r_3 = 0 \qquad\qquad (6.6)$$

无论是用解析法还是图解法，均可解出 $m_b'r_b'$ 的大小及方位。

图 6.1（b）所示为用图解法求出质径积 $m_b'r_b'$ 的过程。沿 $m_b'r_x'$ 方向适当选定 r_b' 的大小，即可求得平面 T' 内应加的平衡质量 m_b'。

同理，对于平面 T''，

$$m_b''r_b'' + m_1''r_1 + m_2''r_2 + m_3''r_3 = 0 \qquad\qquad (6.7)$$

图 6.1（c）所示为求出质径积 $m_b''r_b''$ 的过程。沿 $m_b''r_b''$ 方向选定 r_b'' 的大小，也可以求出平面 T'' 内应加的平衡质量 m_b''。此时，原平面 1，2，3 内的偏心质量 m_1，m_2，m_3 就可以被平面 T'，T'' 内的平衡质量 m_b'，m_b'' 所平衡。用以校正不平衡质径积的垂直于转子轴线的平面 T'，T'' 称为平衡平面或校正平面。

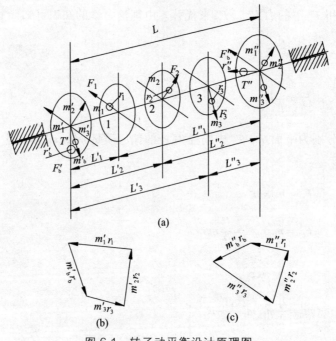

图 6.1　转子动平衡设计原理图

由以上分析可知：在进行动平衡设计时，首先需要根据转子的结构特点，在转子上选定两个适于安装平衡质量的平面作为平衡平面或校正平面；然后进行动平衡计算，以确定为平衡各偏心质量所产生的惯性力和惯性力矩需在两个平衡平面内增加的平衡质量的质径积大小和方向；最后选定向径，并将平衡质量加到转子相应的方位上，这样设计出来的转子在理论上就完全平衡了。

（1）动平衡的条件：当转子转动时，转子上分布在不同平面内的各个质量所产生的空间离心惯性力系的合力及合力矩均为零。

（2）对于一个动不平衡的转子，无论它有多少个偏心质量，都只需要在任选的两个平衡平面 T'，T'' 内各增加或减少一个合适的平衡质量即可使转子获得动平衡。即对于动不平衡的转子，需加平衡质量的最少数目为 2。因此，动平衡又称为双面平衡，而静平衡则称为单面平衡。

由于动平衡同时满足静平衡条件，所以经过动平衡的转子一定静平衡；反之，经过静平衡的转子则不一定是动平衡的。

6.3 实验目的

（1）学习动平衡振动测试的方法，了解刚性回转体动平衡的基本原理。
（2）了解硬支承动平衡机的工作原理和特点，掌握设备的测试功能与操作流程。
（3）掌握刚性转子动平衡操作过程。

6.4 实验设备和工具

6.4.1 实验设备和工具名称

（1）JPH-A 型动平衡试验台；
（2）平衡重量、螺钉、螺母和橡皮泥；
（3）游标卡尺、百分表及磁力千分表架；
（4）扳手、螺丝刀。

6.4.2 实验设备介绍

JPH-A 型动平衡试验台。动平衡机的简图如图 6.2 所示，3 为待平衡的试件，它由两个圆盘即圆盘（1）、圆盘（2）和轴固连在一起，本身可以认为是一个"理想"的动

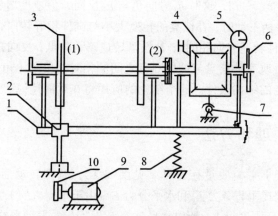

图 6.2 动平衡机的结构简图

1—摆架；2—工字形板簧座；3—转子试件；4—差速器；5—百分表；
6—补偿盘；7—蜗杆；8—弹簧；9—电机；10—皮带

平衡回转体。为了让其成为动不平衡的试件，实验前在两个圆盘上各安装一些质量块（真实不平衡试件不平衡质量的分布未必如此，但使用的平衡方法同样完全适用）。试件 3 安放在框形摆架的支承滚轮上，摆架的左端固结在工字形板簧 2 中，右端呈悬臂。电动机 9 通过皮带 10 带动试件旋转；当试件有不平衡质量存在时，则产生离心惯性力使摆架绕工字形板簧上下周期性地振动，通过百分表 5 可观察振幅的大小。

通过转子的旋转和摆架的振动，可测出试件的不平衡量（平衡量）的大小和方位。这个测量系统由差速器 4、百分表 5、补偿盘 6 组成。差速器安装在摆架的右端，它的左端为转动输入端（n_1），通过柔性联轴器与试件 3 连接；右端为输出端（n_3），与补偿盘相连接。

差速器是由齿数和模数相同的三个圆锥齿轮和一个外壳为蜗轮的转臂 H 组成的周转轮系。

当差速器的转臂蜗轮不转动时 $n_H = 0$，则差速器为定轴轮系，其传动比为

$$i_{31} = \frac{n_3}{n_1} = -\frac{z_1}{z_3} = -1 , \quad n_3 = -n_1 \tag{6.8}$$

这时补偿盘的转速 n_3 与试件的转速 n_1 大小相等转向相反。

当 n_1 和 n_H 都转动时，则为差动轮系，计算传动比如下：

$$i_{31}^H = \frac{n_3 - n_H}{n_1 - n_H} = -\frac{z_1}{z_3} = -1 \tag{6.9}$$

推导出

$$n_3 = 2n_H - n_1 \tag{6.10}$$

蜗轮的转速 n_H 是通过手柄摇动蜗杆 7，经蜗杆蜗轮副在大速比的减速后得到。因此蜗轮的转速 $n_H \ll n_1$。当 n_H 与 n_1（可以取 n_1 的转向为正）同向时，由（6.10）式可看到 $|n_3| < |n_1|$，这时 n_3 方向依然与 n_1 反向，但速度减小；当 n_H 与 n_1 反向时（即 n_H 为负），由（6.10）式可看出 $|n_3| > |n_1|$，这时 n_3 方向仍与 n_1 反向，但速度增加了。

综上所述，当手柄不动时，补偿盘的转速大小与试件相等转向相反；正向摇动手柄（蜗轮转速方向与试件转速方向相同），补偿盘转速略有降低；反向摇动手柄，补偿盘转速略有升高。这样可改变补偿盘与试件圆盘之间的相对相位角（角位移），从而具备了不平衡质量相位测定的结构条件。这个结论的应用将在后面述说。

6.5 实验原理和方法

当试件 3 上有不平衡质量存在时（见图 6.2），试件转动后则生产离心惯性力 $F = \omega^2 mr$，它可分解成垂直分力 F_y 和水平分力 F_x。由于平衡机的工字形板簧和摆架在水平方向（绕 y 轴）抗弯刚度很大，所以水平分力 F_x 对摆架的振动影响很小，可忽略不计。而在垂直方向（绕 x 轴）的抗弯刚度小，因此在垂直分力产生的力矩 $M = F_y \cdot l = \omega^2 mr\cos\varphi \cdot l$ 的作用下，使摆架产生周期性的上下振动（摆架振幅大小）的惯性力矩为

$$M_1 = 0 , \quad M_2 = \omega^2 m_2 r_2 l_2 \cos\varphi_2 \tag{6.11}$$

要使摆架不振动，必须要平衡力矩 M_2。在试件上选择圆盘（2）作为平衡平面，加平衡质量 m_p，则绕 x 轴的惯性力矩 $M_p = \omega^2 m_p r_p l_p \cos\varphi_p$。要使这些力矩得到平衡，可根据公式（6.12）来解决。

$$\sum \overline{M_A} = 0 , \quad M_2 + M_p = 0 \tag{6.12}$$

$$\omega^2 m_2 r_2 l_2 \cos\varphi_2 + \omega^2 m_p r_p l_p \cos\varphi_p = 0 \tag{6.13}$$

消去 ω^2 得

$$m_2 r_2 l_2 \cos\varphi_2 + m_p r_p l_p \cos\varphi_p = 0 \tag{6.14}$$

要使（6.14）式为零，必须满足

$$\begin{cases} m_2 r_2 l_2 = m_p r_p l_p \\ \cos\varphi_2 = -\cos\varphi_p = \cos(180^\circ + \varphi_p) \end{cases} \tag{6.15}$$

满足式（6.15）的条件，摆架就不振动了。式中，m（质量）和 r（矢径）之积称为质径积；mrl 称为质径矩；φ 称为相位角。

工程实际中转子不平衡质量的分布是有很大的随机性因而无法直观判断它的大小和相位。因此很难用公式来计算平衡量，但可用实验的方法来解决，具体方法如下：

先暂选补偿盘作为平衡平面，补偿盘的转速与试件的转速大小相等但转向相反，这时的平衡条件也可按上述方法来求得。在补偿盘上加一个质量 m_p'（见图 6.3），则产生离心惯性力对 x 轴的力矩 ω。

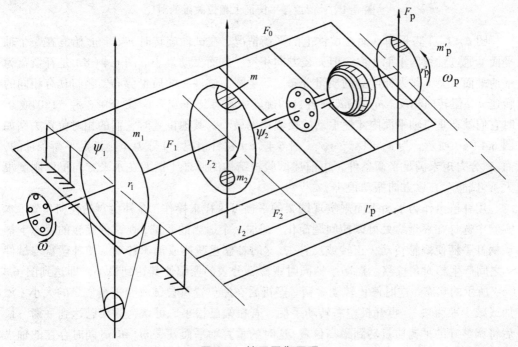

图 6.3　转子平衡原理

$$M'_p = \omega^2 m'_p r'_p l'_p \cos \varphi'_p \qquad\qquad (6.16)$$

根据力系平衡公式

$$\sum \overline{M}_A = 0, \quad M_2 + M'_p = 0 \qquad\qquad (6.17)$$

$$m_2 r_2 l_2 \cos \varphi_2 + m'_p r'_p l'_p \cos \varphi'_p = 0 \qquad\qquad (6.18)$$

要使上式成立必须有

$$\begin{cases} m_2 r_2 l_2 = m'_p r'_p l'_p \\ \cos \varphi_2 = -\cos \varphi'_p = \cos(180° - \varphi'_p) \end{cases} \qquad (6.19)$$

式（6.19）与式（6.15）基本是一样的，只有一个正负号不同。从图 6.4 可进一步比较两种平衡面进行平衡的特点。图 6.4 给出了一组满足平衡条件的相位关系。

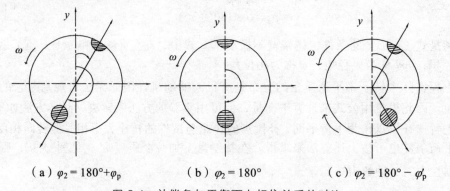

（a）$\varphi_2 = 180° + \varphi_p$ （b）$\varphi_2 = 180°$ （c）$\varphi_2 = 180° - \varphi'_p$

图 6.4　补偿盘与平衡面上相位关系的对比

图 6.4（a）为平衡平面在试件上的平衡情况，在试件旋转时 m_2 与 m_p 始终在一个轴平面（通过轴线的平面）内，但矢径方向相反，从而振动最小。图 6.4（b）是补偿盘为平衡平面，上半圆为补偿盘的质量分布，下半圆为试件 2 的质量分布，它们具有相同的转速 ω，但转向相反。m_2 和 m'_p 在各自的旋转中只有到在 $\varphi'_p = 0°$ 或 180°，$\varphi_2 = 180°$ 或 0° 时它们处在垂直轴平面内才使振动的振幅达到最小，其他位置时它们的相对位置关系如图 6.4（c）所示，为 $\varphi_2 = 180° - \varphi'_p$。图 6.4（c）这种情况，$y$ 分力矩是满足平衡条件的，而 x 分力矩未满足平衡条件，由前述试验机结构的原理（摆架在水平方向抗弯刚度很大），试验台在该方向振动很小。

用补偿盘作为平衡平面来实现摆架的平衡可这样来操作。在补偿盘的任何位置（本实验中选择在靠近缘处可以使问题简化）试加一个适当的质量，在试件旋转的状态下摇动蜗杆手柄使蜗轮转动（正转或反转），这时补偿盘减速或加速转动，使补偿盘与试件 2 之间产生相对角位移。摇动手柄同时观察百分表的振幅使其达到最小，即达到图 6.4（c）所示的状态，这时停止转动手柄。停机后在原位置再尝试改变平衡质量的大小（添加或减少平衡块），再开机左右转动手柄，若振幅已很小，可认为摆架已达到平衡。最后将调整好的平衡质量转到最高位置，这时的垂直轴平面就是 m'_p 和 m_2 同时存在的轴平面，即图 6.4（b）所示的状态。

摆架平衡不等于试件平衡，还必须把补偿盘上的平衡质量转换到试件的平衡面上，选试件圆盘 2 为待平衡面，根据平衡条件：

$$m_p r_p l_p = m_p' r_p' l_p' \tag{6.20}$$

$$m_p r_p = m_p' r_p' \frac{l_p'}{l_p} \tag{6.21}$$

$$m_p = m_p' \frac{r_p' l_p'}{r_p l_p} \tag{6.22}$$

式（6.22）中，$m_p' r_p'$ 是所加的补偿盘上平衡量质径积；m_p' 为平衡块质量；r_p' 是平衡块所处位置的半径（有刻度指示）；l_p，l_p' 分别是平衡面和补偿盘至板簧的距离。这些参数都是已知的，这样就求得了在待平衡面 2 上应加的平衡量质径积 $m_p r_p$。一般情况先选择半径 r 求出 m，再加到平衡面 2 上，其位置在 m_p' 最高位置的垂直轴平面中。本动平衡机及试件在设计时已取 $\dfrac{r_p' l_p'}{r_p l_p} = 1$，所以 $m_p = m_p'$，这样可取下补偿盘上平衡块 m_p'（平衡块）直接加到待平衡面相应的位置，这样就完成了第一步平衡工作。即平衡条件中的 $\sum \overline{M_A} = 0$，还必须做 $\sum \overline{M_B} = 0$ 的平衡工作，这样才能使试件达到完全平衡。

将试件从平衡机上取下重新安装成以圆盘 2 为驱动轮，再按上述方法求出平衡面 1 上的平衡量（质径积 $m_p r_p$ 或 m_p）。这样整个平衡工作全部完成。

6.6　实验步骤

（1）将平衡试件装到摆架的滚轮上，将试件右端的联轴器盘与差速器轴端的联轴器盘用弹性柱销柔性连成一体，装上传动皮带。

（2）用手转动试件和摇动蜗杆上的手柄，检查动平衡机各部分转动是否正常。松开摆架最右端的两对锁紧螺母，调节摆架上面安放在支承杆上的百分表，使之与摆架有一定的接触，并随时注意振幅大小；百分表的位置一经调好就不要再变动。

（3）卸下试件和补偿盘上的平衡块，调节转速旋钮至最小端，启动电机（每次启动都如此，可保护电机），逐渐调节转速旋钮至合适的位置（一般 340 ~ 400 r/min），稍过片刻待摆架振动稳定后，对百分表进行调零（即将百分表上的刻度盘的零刻度调至百分表指针摆动的中间处，以便读数），观察并记录下转速 n 和指针摆动的振幅大小 y_0。调整转速旋钮至静止，关掉电源，由于此时转子上没有附加质量块，可以认为是动平衡的。因此 y_0 是系统误差造成的振动，如果 y_0 超出 ± 0.02 mm（每个小格为 0.01 mm）或者指针摆动极不稳定，说明试验机需要进一步调试，应及时报告指导教师。

（4）在圆盘 1 上装上适当的质量块（1 ~ 2 平衡块），在圆盘 2 上装上适当质量块（4 或 3 个质量块，建议集中排列），此时就构成了一个动不平衡的转子。启动电机，调节转速旋钮至步骤（3）中的转速，运转平稳后，观察并记录振幅大小 y'，停机。

（5）在补偿盘的槽内距轴心最远处加上适当的平衡质量（根据步骤（4），可先取

2 或 1 个平衡块）。开机后摇动手柄观察百分表振幅变化（观察时停止摇动），手柄摇到使振幅最小时[此时质量分布如图 6.4（c）所示位置]手柄停止摇动。记录下振幅大小 y_1 和蜗轮位置角 β_1（差速器外壳上有刻度指示），停机。摇动手柄要讲究方法：蜗杆安装在机架上，蜗轮安装在摆架上，两者之间有很大的间隙。蜗杆转动到适当位置可与蜗轮不接触，这样才能使摆架自由地振动，这时观察的振幅才是正确的。摇动手柄蜗杆接触蜗轮使蜗轮转动，这时摆动振动受阻，反摇手柄使蜗杆脱离与蜗轮接触，使摆架自由地振动，再观察振幅。这样间歇性地使蜗轮向前转动和观察振幅变化，最终找到振幅最小值的位置。在不改变蜗轮位置角 β_1 情况下，停机后，按试件转动方向用手转动试件带动补偿盘转动，使补偿盘上的平衡块刚好到达最高位置[此时质量分布如图 6.4（b）所示]。取下平衡块安装到试件的平衡面（圆盘 2）中相应的最高位置槽内。

（6）在补偿盘内再加平衡块（2 个平衡块）。按上述方法再进行一次测试，测得的振幅 y_2 蜗轮位置 β_2，若 $y_2 < y_1 < y'$，β_1 与 β_2 相同或略有改变，则表示实验进行正确。若 y_2 很小，可视为已达到平衡。停机，按步骤（4）方法将补偿盘上的平衡块移到试件圆盘 2 上，重新启动，观察并记录振幅 y_0'，停机。

拆开联轴器开机，让试件自由转动。若振幅依然很小，则第一步平衡工作结束；若还存在一些振幅，可适当调节一下平衡块的相位，即在圆周方向左右移动一个平衡块进行微调相位和大小。

（7）将试件两端 180° 对调，即这时圆盘 2 为驱动盘，圆盘 1 为平衡面。按上述方法找出圆盘 1 上应加的平衡量，这样就完成了试件的全部平衡工作。

[由于实验时间所限，第（6）步拆开联轴器和第（7）步为选做。]

注意事项：

（1）动平衡的关键是找准相位，第一次就要把相位找准，当试件接近平衡时相位就不灵敏了。所以 β_1 是主要位置角。

（2）若试件振动不明显（或太剧烈），可人为地增减不平衡块数量。

（3）同组同学可以通过改变质量块的数目或者不同的转速等手段，采集不同的数据。

6.7 思考题

（1）实验中，用补偿盘作为平衡平面来实现摆架的平衡时，在补偿盘中添加一个质量块最好选择在靠近缘处，为什么？

（2）在相同的转速下，若 $y_2 < y_1 < y'$，β_1 与 β_2 相同或略有改变，则表示实验进行正确，为什么？

（3）试件转速的大小对百分表中振幅的大小有何影响？对平衡试验的结果有影响吗？说出理由。

（4）在步骤（4）中，为了模拟并"制造"出动不平衡的转子，建议质量块集中排列。如果随意排列，利用该试验台和实验方法能否达到完全平衡？需要如何改善实验条件才能够实现完全平衡？

6.8 实验报告

回转构件的动平衡实验报告

学生姓名		学　号		组　别	
实验日期		成　绩		指导教师	

1. 画出动平衡实验台的结构图

2. 测量三次动不平衡数据

转速 $n=$			步骤 4 中，圆盘 2 首次装入质量块数量 $k=$			个	
平衡平面 2	y_0	y'	y_1	β_1	y_2	β_2	$y_{0'}$
平衡平面 1（选做）	y_0	y'	y_1	β_1	y_2	β_2	$y_{0'}$

次数	测量值				加重情况
	左校验平面		右校验平面		
	重量	相位值	重量	相位值	
1					
2					
3					

3.思考题答案

7　机械运动学参数测定与分析

7.1　概　述

QID-Ⅲ型组合机构实验台，只需拆装少量零部件，即可分别构成四种典型的传动系统：曲柄滑块机构、曲柄导杆滑块机构、平底直动从动杆凸轮机构和滚子直动从动杆凸轮机构。而每一种机构的某一些参数，如曲柄长度、连杆长度、滚子偏心等都可在一定范围内做一些调整，并通过拆装及调整加深实验者对机械结构本身特点的了解；同时，对某些参数改动对整个运动状态的影响也会有更好地认识。

本实验仪最大的优点就是采用微处理器和相应的外围设备，因此在数据处理的灵活性和结果显示、记录、打印的便利、清晰、直观等方面明显优于传统的同类仪器。测试结果不但可以以曲线形式输出，还可以直接打印出各点数值，克服了以往测试方法中需对记录曲线进行人工标定和数据处理而带来较大的幅值误差和相位误差等问题。另外，与个人电脑连接使用，操作上只要使用键盘和鼠标就可完成，操作灵活方便，实验准备工作非常简单，在学生进行实验时稍做讲解即可使用。

7.2　相关理论知识

运动分析是在几何参数为已知的机构中，不考虑力的作用，根据原动件的已知运动规律来确定其他构件上某些点的轨迹、位移、速度和加速度（或某些构件的位置、角位移、角速度、角加速度）等基本参数。

机构运动分析的目的是确定机构的运动空间和构件上某点的轨迹。通过轨迹分析，确定构件运动所需空间，判断运动是否干涉；通过速度分析，确定构件的速度是否合乎要求，为加速度分析和受力分析提供必要的数据；通过加速度分析，确定构件的加速度是否合乎要求，为惯性力的计算提供加速度数据。由上述可知，运动分析既是综合的基础，也是力分析的基础。另外，还为机械系统的动力学分析提供速度和加速度数据。

机构运动分析的方法有图解法、解析法和实验法。图解法形象、直观，适用于结构相对简单的平面机构运动分析，但精度不高，有矢量方程图解法和速度瞬心法。解析法效率高、速度快、精度高，不仅可以方便地对机械进行一个运动循环过程的研究，还可将机构分析和机构综合问题联系起来，便于机构的优化设计，有杆组法和整体分析法两种。实验法是运用非电测量的手段，通过位移、速度或加速度传感器将机械信号转变成电信号，再通过测试仪器或输入计算机进行信息处理，得到有关数值或显示他们的运动规律。在位移分析中，实验法还可直接用来求解预定的轨迹问题。

7.3 实验目的

（1）通过实验，了解位移、速度、加速度的测定方法；转速及回转不匀率的测定方法。

（2）通过比较理论运动曲线与实测运动曲线的差异，并分析其原因，增加对运动速度特别是加速度的感性认识。

（3）比较曲柄滑块机构与曲柄导杆机构的性能差别。

（4）检测凸轮直动从动杆的运动规律。

（5）比较不同凸轮廓线或接触副对凸轮直动从动杆运动规律的影响。

7.4 实验设备及工具

7.4.1 实验设备及工具

（1）QID-Ⅲ型组合机构实验台；

（2）活动扳手，固定扳手，内六角扳手，螺丝刀；

（3）钢直尺，游标卡尺。

7.4.2 实验设备介绍

QID-Ⅲ型组合机构实验台由实验机构（曲柄滑块、导杆、凸轮组合机构）、QID-Ⅲ型组合机构实验仪（单片机检测系统）、光电脉冲编码器、同步脉冲发生器、个人电脑和打印机组成，其外形结构如图 7.1 所示。

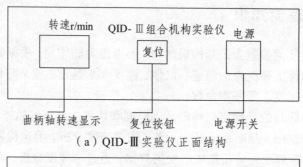

（a）QID-Ⅲ实验仪正面结构

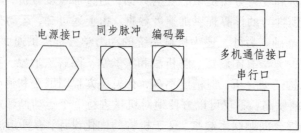

（b）QID-Ⅲ实验仪背面结构

图 7.1 实验仪的外形结构

　　实验机构（曲柄滑块、导杆、凸轮组合机构）只需拆装少量零部件，即可分别构成四种典型的传动系统，它们分别是曲柄滑块机构、曲柄导杆滑块机构、平底直动从动杆凸轮机构和滚子直动从动杆凸轮机构，如图 7.2 所示。而每一种机构的某一些参数，如曲柄长度、连杆长度、滚子偏心等都可在一定范围内做一些调整，通过拆装及调整可加深实验者对机械结构本身特点的了解，以及某些参数改动对整个运动状态的影响也会有更好地认识。

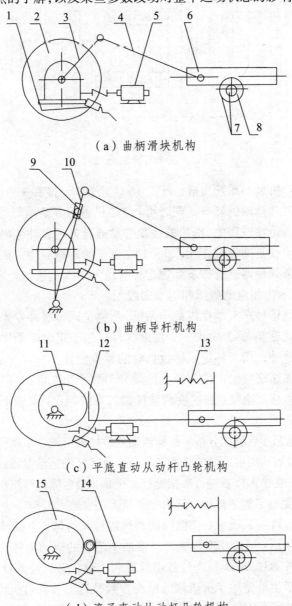

（a）曲柄滑块机构

（b）曲柄导杆机构

（c）平底直动从动杆凸轮机构

（d）滚子直动从动杆凸轮机构

图 7.2　四种机构类型

1—同步脉冲发生器；2—涡轮减速器；3—曲柄；4—连杆；5—电机；6—滑块；7—齿轮；
8—光电编码器；9—导块；10—导杆；11—凸轮；12—平底直动从动件；
13—回复弹簧；14—滚子直动从动件；15—光栅盘

7.5 实验原理

以 QID-Ⅲ 型组合机构实验仪为主体的整个测试系统的原理框图如图 7.3 所示。

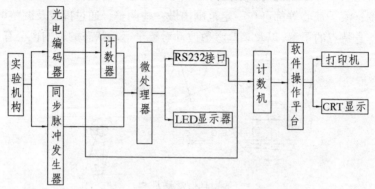

图 7.3　测试系统的原理框图

本实验仪由单片机最小系统组成。外扩 16 位计数器，接有 3 位 LED 数码显示器可实时显示机构运动时曲柄轴的转速，同时可与 PC 机进行异步串行通信。

在实验机构动态运动过程中，滑块的往复移动通过光电脉冲编码器转换输出具有一定频率（频率与滑块往复速度成正比）0～5 V 电平的两路脉冲，接入微处理器外扩的计数器计数，通过微处理器进行初步处理运算并送入 PC 机进行处理，PC 机通过软件系统在 CRT 上可显示出相应的数据和运动曲线图。

机构中还有两路信号送入单片机最小系统，那就是同步脉冲发生器送出的两路脉冲信号。其中一路是光栅盘每 2°发出一个角度脉冲，用于定角度采样，获取机构运动线图；另一路是零位脉冲，用于标定采样数据时的零点位置。

机构的速度、加速度数值由位移经数值微分和数字滤波得到。与传统的 R-C 电路测量法或分别采用位移、速度、加速度测量仪器的系统相比，具有测试系统简单、性能稳定可靠、附加相位差小、动态响应好等特点。

曲柄摇杆机构动态参数测试分析。机构活动构件杆长可调、平衡质量及位置可调。机构的动态参数测试包括：用角速度传感器采集曲柄及摇杆的运动参数，用加速度传感器采集整机振动参数，并通过 A/D 板进行数据处理和传输，最后输入计算机绘制各实测动态参数曲线。可让学生清楚地了解该机构的结构参数及运动参数对机构运动及动力性能的影响。

曲柄滑块动态参数测试及分析。机构活动构件杆长可调、平衡质量及位置可调。机构的动态参数测试包括：用角速度传感器采集曲柄滑块的运动参数，用加速度传感器采集整机振动参数，并通过 A/D 板进行数据处理和传输，最后输入计算机绘制各实测动态参数曲线。可让学生清楚地了解机构的结构参数及运动参数对机构性能影响。

凸轮机构的动态参数测试分析。试验配置了 8 种运动规律的凸轮，3 种推杆（尖顶和滚子），偏心距可调。该机构的动态参数测试包括：用角速度传感器采集曲柄滑块的运动参数，用加速度传感器采集整机振动参数，并通过 A/D 板进行数据处理和传输，最后输入计算机绘制各实测动态参数曲线。可让学生清楚地了解各种运动规律的凸轮机构及动力特性。

7.6　实验步骤

（1）系统连接及启动。

① 连接 RS232 通信线。

本实验必须通过计算机来完成。将计算机 RS232 串行口，通过标准的通信线，连接到 QID-Ⅲ型组合机构实验仪背面的 RS232 接口。

② 启动机械教学综合实验系统。

在图 7.4 主界面右上角串口选择框中选择相应串口号（COM1 或 COM2），本实验选择缺省的 COM1 即可。在主界面左边的实验项目框中点击"运动学"键，主界面显示如图 7.5 所示。点击图 7.5 中央的图片，弹出如图 7.6 所示的运动学机构实验台主窗体界面。在图 7.6 界面中点击"串口选择"菜单，正确选择串口号（COM1 或 COM2），本实验选择 COM1。点击"数据采集"菜单，等待数据输入。

图 7.4　机械教学综合实验系统主界面

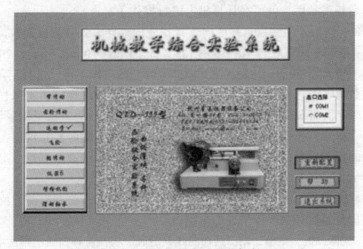

图 7.5　运动学机构实验系统初始界面

59

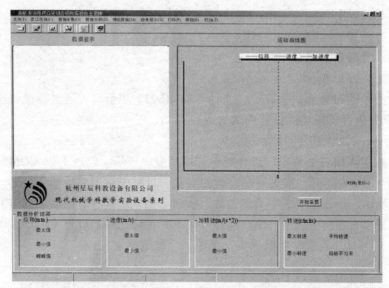

图 7.6 运动学机构实验台主窗体

（2）组合机构实验操作。

① 曲柄滑块运动机构实验。

按图 7.2（a）将机构组装为曲柄滑块机构。

A. 滑块位移、速度、加速度测量。

（a）将光电脉冲编码器输出的 5 芯插头及同步脉冲发生器输出 5 芯插头分别插入 QID-Ⅲ组合机构实验仪上相对应的接口上。

（b）打开实验仪上的电源，此时带有 LED 数码管显示的面板上将显示"0"。

（c）启动机构，在机构电源接通前应将电机调速电位器逆时针旋转至最低速位置，然后接通电源，并顺时针转动调速电位器，使转速逐渐加至所需的值（否则易烧断保险丝，甚至损坏调速器），此时显示面板上实时显示曲柄轴的转速。

（d）机构运转正常后，就可在计算机上进行操作了。

（e）在界面右侧的采样参数选择区内选择相应的采样方式和采样常数。可以选择定时采样方式，采样的时间常数有 10 个选择挡（2 ms，5 ms，10 ms，15 ms，20 ms，25 ms，30 ms，35 ms，40 ms，50 ms），例如选采样周期 25 ms；你也可以选择定角采样方式，采样的角度常数有 5 个选择挡（2°，4°，6°，8°，10°），如选择每隔 4°采样一次。

（f）在"标定值输入框"中输入标定值 0.05（标定值计算方法见附录）。

（g）按下"采集"按键，开始采样。（请等若干时间，此时实验仪正在进行对机构运动的采样，并回送采集的数据给 PC 机，PC 机再对收到的数据进行一定的处理，得到运动的位移值。）

（h）当采样完成后，在界面将出现"运动曲线绘制区"，绘制当前的位移曲线，且在左边的"数据显示区"内显示采样的数据。

（i）按下"数据分析"菜单，则"运动曲线绘制区"将在位移曲线上再逐渐绘出相应的速度和加速度曲线。同时在左边的"数据显示区"内也将增加各采样点的速度和加速度值。

（j）点击"打印"菜单，打开打印窗口，打印数据和运动曲线。打印时保存为*.mdi格式即可。

B. 转速及回转不匀率的测试。

（a）同"滑块位移、速度、加速度测量"的（a）～（e）步骤。

（b）点击"数据采集"菜单，在界面右侧的采样参数选择区内选择最右边的一栏，角度常数有5挡（2°，4°，6°，8°，10°），选择6°挡。

（c）同"滑块位移、速度、加速度测量"的（h）、（i）、（g）步骤，不同的是"数据显示区"不显示相应的数据。

（d）打印。同样地，打印时保存为*.mdi格式。

② 曲柄导杆滑块运动机构实验。

按图 7.2（a）、（b）组装实验机构，按上述步骤操作，比较曲柄滑块机构与曲柄导杆滑块机构运动参数的差异。

③ 平底直动从动杆凸轮机构实验。

按图 7.2（c）组装实验机构，按上述①A. 操作步骤，检测其从动杆的运动规律。

注意：曲柄转速应控制在 40 r/min 以下。

④ 滚子直动从动杆凸轮机构实验。

按图 7.2（d）组装实验机构，按上述①A. 操作步骤，检测其从动杆的运动规律，比较平底接触与滚子接触运动特性的差异。

调节滚子的偏心量，分析偏心位移变化对从动杆运动的影响。

注意：曲柄转速应控制在 40 r/min 以下。

（3）理论曲线的获取。

点击图 7.7 中的"动画显示"菜单，在下拉菜单中选择任一种机构，如"曲柄导杆机构"，在弹出的界面中输入实测的实验机构参数，在这里为"曲柄长""连杆长""曲柄转速"，点击"标准计算结果"，则将获得实验机构的理论曲线，如图 7.7 所示。

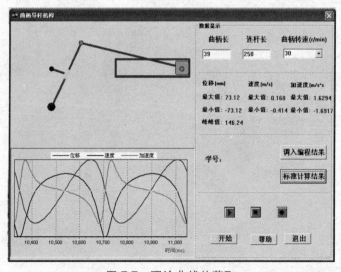

图 7.7 理论曲线的获取

7.7 思考题

（1）分析曲柄滑块机构机架长度及滑块偏置尺寸运动参数的影响。

（2）已知曲柄长度为 57 mm、连杆长度为 47 mm、滑块偏距为 20 mm，利用计算机求出相应的运动参数，绘出运动线图。和实测曲线相比较，分析产生差异的原因。

（3）曲柄滑块机构是否有急回特性。

（4）计算行程速比系数，判断加速度峰值发生在什么地方？

7.8　实验报告

机械运动学参数测定与分析实验报告

学生姓名		学　号		组　别	
实验日期		成　绩		指导教师	

1. 实验机构参数（单位：mm）

序号	实验机构名称	曲柄长度	导杆长度	连杆长度	曲柄转速	偏心轮的偏心距	偏置距
1	曲柄导杆机构		180			—	—
2	曲柄滑块机构		—			—	—
3	偏心轮凸轮机构（平底直动从动件凸轮机构）	—	—	—			—
4	偏心轮凸轮机构（滚子直动从动件凸轮机构）	—	—	—			
5	等加速等减速凸轮机构（平底直动从动件凸轮机构）	—	—	—		—	—
6	等加速等减速凸轮机构（滚子直动从动件凸轮机构）	—	—	—		—	—

注：请从上述 6 种实验机构中任选一种机构进行实验。

2. 画出运动的仿真曲线和实测曲线。

机构名称：＿＿＿＿＿＿＿＿＿＿＿　　　　构件名称：

（1）仿真曲线

（2）实测曲线

3. 思考题答案

8　机构运动创新实验

8.1　概　述

机构运动创新设计是各类复杂机械设计中决定性的一步。机构的设计选型一般先通过作图和计算来进行,一般比较复杂的机构都有多个方案,需要制作模型来实验和验证,并经多次改进后才能得到最佳的方案和参数。本实验所用搭接实验台能够选择多种平面机构类型,具有组装调整机构尺寸等功能,能够比较直观、方便地搭接、验证、调试、改进、确定设计方案,较好地改善了在校学生对平面机构的学习和设计一般只停留在理论设计"纸上谈兵"的状况。

8.2　相关理论知识

一个好的机械原理方案能否实现,机械设计是关键。机构设计中最富有创造性、最关键的环节,是机构形式的设计。常用机构形式的设计方法有两大类,即机构的选型和机构的构型。

8.2.1　机构形式设计的原则

(1)机构尽可能简单。从四个方面加以考虑:

① 机构运动链尽量简短。完成同样的运动要求,应优先选用构件数和运动副数最少的机构,这样可以简化机器的构造,从而减轻重量、降低成本。此外也可以减少由于零件的制造误差而形成的运动链的累积误差,从而提高零件加工工艺性和增强机构工作的可靠性。

② 选择适当的运动副。在基本机构中,高副机构只有 3 个构件,低副机构则至少有 4 个构件和 4 个运动副。因此,从减少构件数和运动副数,以及设计简便等方面考虑,应优先选用高副机构。但从低副机构的运动副元素加工方便、容易保证配合精度以及有较高的承载能力等方面考虑,应优先选用低副机构。选用时应根据设计要求全面衡量得失,尽可能做到"扬长避短"。一般情况下,应优先考虑低副机构,而且尽量少采用移动副(制造中不易保证高精度,运动中易出现自锁)。在执行机构的运动规律要求复杂,采用连杆机构很难完成精确设计时,应考虑采用高副机构,如凸轮机构或连杆-凸轮机构。

③ 适当选择原动机。执行机构的形式与原动机的形式密切相关,不要局限于选择传统的电动机驱动形式。如在只要求执行构件实现简单的工作位置变换的机构中,采用气压或液压缸作为原动机比较方便,它同采用电动机驱动相比,可省去一些减速传动机

构和运动变换机构，从而可缩短运动链，简化机构，且具有传动平稳、操作方便、易于调速等优点。此外，改变原动机的传输方式，也可使结构简化。在多个执行构件运动的复杂机器中，若由单机（原动）统一驱动改为多机分别驱动，虽然增加了原动机的数目和电控部分的要求，但传动部分的运动链却可大为简化，功率损耗也可减少。因此，在一台机器中只采用一个原动机驱动不一定就是最佳方案。

④ 选用广义机构。设计时不要局限于仅选用刚性机构，还可选用柔性机构，以及利用光、电、磁和摩擦、重力、惯性等原理工作的广义机构。

（2）尽量缩小机构尺寸。

如周转轮系减速器的尺寸和重量比普通定轴轮系减速器要小得多。在连杆机构和齿轮机构中，也可利用齿轮传动时节圆作纯滚动的原理或利用杠杆放大或缩小的原理等来缩小机构尺寸。圆柱凸轮机构尺寸比较紧凑，尤其是在从动件行程较大的情况下。盘状凸轮机构的尺寸也可借助杠杆原理相应缩小。

（3）应使机构具有较好的动力学特性。

① 采用传动角较大的机构，以提高机器的传力效益，减少功耗。尤其对于传力大的机构，这一点更为重要。如在可获得执行构件为往复摆动的连杆机构中，摆动导杆机构最为理想，其压力角始终为零。从减小运动副摩擦、防止机构出现自锁现象考虑，则尽可能采用全由转动副组成的连杆机构，因为转动副制造方便，摩擦小，机构传动灵活。

② 采用增力机构。对于执行机构行程不大，而需短时克服很大工作阻力的机构（如冲压机械中的主机构），应采用"增力"的方法，即瞬时有较大机械增益的机构。

③ 采用对称布置的机构。对于高速运转的机构，其做往复运动和平面一般运动的构件，以及偏心回转构件的惯性力和惯性力矩较大，在选择机构时，应尽可能考虑机构的对称性，以减小运转过程中的动载荷和振动。

8.2.2 机构的选型

利用发散思维的方法，将前人创造发明出的各种机构按照运动特性或实现的功能进行分类，然后根据原理方案确定的执行机构所需要的运动特性或实现的功能进行搜索、选择、比较和评价，选出合适的机构形式。表 8.1 给出了当机构的原动件为转动时，各种执行构件的运动形式、实现机构及应用举例，供机构选型时参考。

表 8.1　机构类型及实例

执行构件运动形式		对应机构示例
连续转动	定传动比匀速	平行四杆机构、双万向联轴节机构、定轴齿轮传动机构、定轴轮系、摩擦传动机构等
	变传动比匀速	混合轮系变速机构、摩擦传动机构、行星无级变速机构、挠性无级变速机构等
	非匀速	双曲柄机构、转动导杆机构、单万向联轴节机构、非圆齿轮机构、组合机构等

执行构件运动形式		对应机构示例
往复运动	往复移动	曲柄滑块机构、移动导杆机构、正弦/正切机构、移动从动件凸轮机构、齿轮齿条机构、楔块机构、螺旋机构、气动/液压机构等
	往复摆动	曲柄摇杆机构、双摇杆机构、摆动导杆机构、曲柄摇块机构、摆动从动件凸轮机构、组合机构等
间歇运动	间歇转动	棘轮机构、槽轮机构、不完全齿轮机构、凸轮式间歇运动机构、组合机构等
	间歇摆动	带有休止段轮廓的摆动从动件凸轮机构、多杆机构、齿轮-连杆组合机构等
	间歇移动	利用连杆曲线的圆弧段实现间歇运动的平面连杆机构、带有休止段轮廓的直动从动件凸轮机构、棘齿条机构、气动/液压机构等
预定轨迹	直线轨迹	连杆近似直线机构、八杆精确直线机构、组合机构
	曲线轨迹	利用连杆曲线实现预定轨迹的多杆机构、凸轮-连杆组合机构、齿轮-连杆组合机构等

连杆机构、凸轮机构、齿轮机构是最常用的首选机构,表 8.2 是对它们的初步评价,仅供参考。

表 8.2　典型机构的评价

评价指标	具体项目	评价		
		连杆机构	凸轮机构	齿轮机构
A 运动性能	1. 运动规律、运动轨迹 2. 运转速度、运动精度	任意性较差,只能达到有限个精确较低	任意性较高	一般做定比传动或移动高
B 工作性能	1. 效率高低 2. 使用范围	一般 较大	一般	高
C 动力性能	1. 承载能力 2. 传力特性 3. 振动、噪声	较大 一般 较大	较小 一般 较小	较大 较好 较小
D 经济性	1. 加工难易 2. 维护方便性 3. 能耗大小	易 较方便 一般	难 较麻烦 一般	一般 方便 一般
E 结构紧凑	1. 尺寸 2. 重量 3. 结构复杂性	较大 较轻 复杂	较小 较重 一般	较小 较重 简单

8.2.3　机构的构型

当使用选型的方法初选出的机构形式不能完全实现预期的要求,或虽能实现功能要求但存在着机构复杂、运动精度不够或动力性能欠佳等缺点时,可采用创新构型的方法,重新构筑机构的形式。机构创新构型的基本思路是：以通过选型初步确定的机构方案为雏形，通过组合、变异、再生等方法进行突破，获得新的机构。

（1）利用组合原理构型新机构。

将两种以上的基本机构进行组合，充分利用各自的良好性能，改善其不良特性，创造出能够满足原理方案要求的、具有良好运动和动力特性的新型机构。如齿轮-连杆机构，能实现进歇传送运动、大摆角、大行程的往复运动，同时能较精确地实现给定的运动轨迹。凸轮-连杆机构能更精确地实现给定的复杂轨迹，虽也可实现任意的给定运动规律的往复运动，但在从动件做往复摆动时，受压力角的限制，其摆角不能太大。而将简单的连杆机构与凸轮机构组合起来，可以克服上述缺点，达到很好的效果。齿轮-凸轮机构常以自由度为 2 的差动轮系为基础机构，并用凸轮机构为附加机构，主要应用于以下场合：实现给定运动规律的变速回转运动、实现给定运动轨迹，如机床的分度补偿机构、误差校正机构。

（2）利用机构变异构型新机构。

机构倒置：机构的运动构件与机架转换。

机构的扩展：以原有机构作为基础，增加新的构件，构成新的机构。机构扩展后，原有各构件间的相对运动关系不变，但所构成的新机构的某些性能与原机构有很大差别。

机构局部结构改变：如导杆机构的导杆槽由直线变为曲线，或机构的主动件被另一自由度为 1 的机构或构件组合所置换，即可得到运动停歇的特性。

运动副的变异：高副低代法。

8.3　实验目的

（1）培养学生对机械系统运动方案的整体认识，加强以工程实践为背景的训练，拓宽知识面，培养创新意识、综合设计及工程实践动手能力。

（2）通过机构的拼接，在培养工程实践动手能力的同时，发现一些基本机构及机械设计中的典型问题，通过解决问题，可以对运动方案设计中的一些基本知识点融会贯通，对机构系统的运动特性有一个更全面的理解。

（3）加深学生对平面机构的组成原理、结构组成的认识，了解平面机构组成及运动特性，进一步掌握机构运动方案构型的各种创新设计方法，培养学生用实验方法构思、验证、确定机械运动方案的初步能力。

（4）培养学生用电机、传感器等控制测量元件组装动力源，对机械进行驱动和控制的能力。

8.4　实验设备及工具

8.4.1　实验设备及工具

（1）机构运动创新方案实验台（共 8 台）；

（2）可供在实验台上实现各种设计方案的零件及组件；

（3）六角扳手、活动扳手、卷尺等。

8.4.2 实验设备介绍

机构运动方案创新设计实验台设备包括机架及其组件，分别详述如下：

实验台机架如图 8.1 所示，机架中有 5 根铅垂立柱，它们可沿 X 方向移动。移动时请用双手推动，并尽可能使立柱在移动过程中保持铅垂状态。立柱移动到预定的位置后，用螺栓将立柱上、下两端锁紧（注意：不允许将立柱上、下两端的螺栓卸下，在移动立柱前只需将螺栓拧松即可）。立柱上的滑块可沿 Y 方向移动，将滑块移动到预定的位置后，用螺栓将滑块紧定在立柱上。按图示方法即可在 X、Y 平面内确定一个固定点，这样活动构件相对机架的连接位置就确定了。

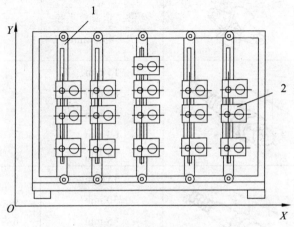

图 8.1　实验台机架

1—沿 X 方向移动的立柱；2—沿 Y 方向移动的滑块

本实验配有各种工具、连接用的螺钉、螺帽、垫圈、键等，组件清单如表 8.3 所示。

表 8.3　机构运动创新方案设计实验台组件清单

序号	名　称	示意图	规　格	数量	备　注
1	齿轮		$m=2$，$\alpha=20°$， $z=28$、35、42、56 $D=56$ mm、70 mm、 84 mm、112 mm	各 3 共 12	单机齿轮传动可实现 6 种基本传动比，中心距组合为 56、63、70、77、84、91、98、112

续表

序号	名　称	示意图	规格	数量	备　　注
2	凸轮		基圆半径 $R=20$ mm, 升回型，行程 30 mm	3	采用对心滚子从动件
3	齿条		$M=2$　$\alpha=20°$	3	单根齿条全长 400 mm
4	槽轮		4 槽	1	4 工位
5	拨盘		双销，销回转半径 $R=49.5$ mm	1	可形成两销拨盘 或单销拨盘
6	主动轴		15 mm 30 mm 45 mm 60 mm 75 mm	4 4 3 2 2	轴端带有一平键， 有圆头和扁头两 种结构形式（可构 成回转或移动副）
7	从动轴 （形成回 转副）		15 mm 30 mm 45 mm 60 mm 75 mm	8 6 6 4 4	轴端无平键，有圆 头和扁头两种结 构形式（可构成回 转或移动副）
8	从动轴 （形成移 动副）		15 mm 30 mm 45 mm 60 mm 75 mm	8 6 6 4 4	
9	转动副轴 （或滑块）		$L=5$ mm	32	用于两构件形成 转动副或移动副
10	复合铰链 Ⅰ（或滑 块）		$L=20$ mm	8	用于三构件形式 复合转动副或形 式转动副＋移动 副

序号	名 称	示意图	规格	数量	备 注
11	复合铰链Ⅱ（或滑块）		$L = 20$ mm	8	用于四构件形成复合转动副
12	主动滑块插件		40 mm 55 mm	1 1	插入主动滑块应孔中，使主动运动成为往复直线运动
13	主动滑块座			1	装入直线电机齿条轴上形成往复直线运动
14	活动铰链座Ⅰ		螺孔 M8	16	可在杆件任意位置形成转动-移动副
15	活动铰链座Ⅱ		螺孔 M5	16	可在杆件任意位置形成移动副或转动副
16	滑块导向杆（或连杆）		$L = 330$ mm	4	
17	连杆Ⅰ		100 mm 110 mm 150 mm 160 mm 240 mm 300 mm	12 12 8 8 8 8	
18	连杆Ⅱ		$L_1 = 22$ mm $L_2 = 138$ mm	8	可形成 3 个回转副
19	压紧螺栓		M5	64	使连杆与转动副抽紧固，无相对转动和轴向窜动

序号	名　称	示意图	规格	数量	备　注
20	带垫片螺栓		M5	48	防止连杆与转动副轴的轴向分离，但连杆与转动副轴能相对转动
21	层面限位套		4 mm 7 mm 10 mm 15 mm 30 mm 45 mm 60 mm	6 6 20 40 20 20 10	限定不同层面间的平面运动构件距离，防止运动构件之间的干涉
22	紧固垫片（限制轴回转）		厚 2 mm，孔 $\phi 16$，外径 $\phi 22$	20	限制轴的回转
23	高副锁紧弹簧			3	保证凸轮与从动件间的高副接触
24	齿条护板			6	保证齿轮与齿条间的正确啮合
25	T 型螺母			20	用于电机座与行程开关座的固定
26	行程开关碰块			1	
27	皮带轮			6	用于机构运动件为转动时的运动传递
28	张紧轮			3	用于皮带张紧

序号	名　称	示意图	规格	数量	备　注
29	张紧轮支承杆			3	调整张紧轮位置，使其张紧或放松皮带
30	张紧轮销轴			3	安装张紧轮
31	螺栓 I		M10×15	6	特制，用于在连杆任意位置紧固活动铰链
32	螺栓 II		M10×20	6	
33	螺栓 III		M8×15	16	
34	直线电机		10 mm/s，可根据主动滑块移动的距离，调节两行程开关的相对位置来调节齿条或滑块往复运动距离但不大于 400 mm	1	带电机座及安装螺栓/螺母
35	旋转电机		10 r/min	3	带电机座及安装螺栓/螺母
36	实验台机架		机架内可移动立柱 5 根，每根立柱上可移动滑块 3 块	4	安装直线电机的机架配有行程开关，行程开关安装板及直线电机控制器
37	平头紧定螺钉		M6×6	21	标准件
38	六角螺母		M10 M12	6+6 30	标准件

序号	名　称	示意图	规格	数量	备　注
39	六角薄螺母		M8	12	标准件
40	平键		A 型 3×20	15	标准件
41	皮带			3	标准件

注意：机构拼接未运动前，应先检查行程开关与装在主动滑块座上的行程开关碰块的
相对位置，以保证换向运动能正确实施，防止机件损坏。

下面介绍主要零部件之间的拼装（图 8.2～图 8.14 中的组件编号均对应表 8.3 中的组件序号）。

（1）主（从）动轴与机架的连接（如图 8.2）。按图示方法将轴连接好后，主（从）动轴相对机架不能转动，与机架成为刚性连接；若件 22 不装配，则主（从）动轴可以相对机架做旋转运动。

（2）转动副的连接（见图 8.3）。按图示连接好后，采用件 19 连接端连杆与件 9 无相对运动，采用件 20 连接端连杆与件 9 可相对转动，从而形成两连杆的相对旋转运动。

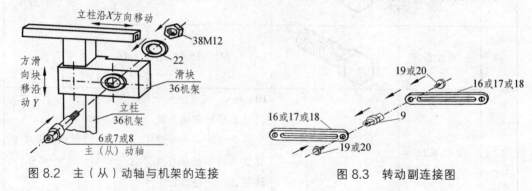

图 8.2　主（从）动轴与机架的连接　　　　图 8.3　转动副连接图

（3）移动副的连接，如图 8.4 所示。

（4）活动铰链座Ⅰ的安装。按图 8.5 连接，可在连杆任意位置形成铰链，且件 9 按此图装配，就可在铰链座Ⅰ上形成回转副或形成回转-移动副。

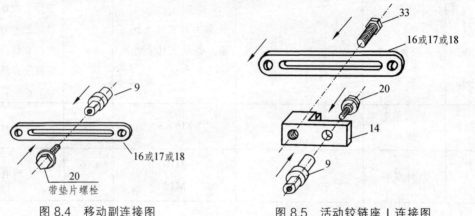

图 8.4　移动副连接图　　　　图 8.5　活动铰链座Ⅰ连接图

（5）活动铰链座Ⅱ的安装。按图 8.6 连接，可在连杆任意位置形成铰链，从而形成回转副。

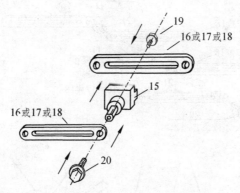

图 8.6 活动铰链座Ⅱ的连接图

（6）复合铰链Ⅰ的安装（见图 8.7）。将复合铰链Ⅰ铣平端（或转-移动副）插入连杆长槽中时构成移动副，而连接螺栓均应选用带垫片螺栓。

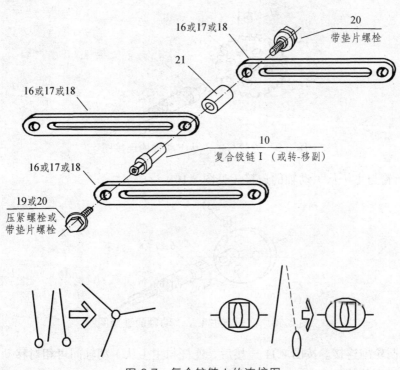

图 8.7 复合铰链Ⅰ的连接图

（7）复合铰链Ⅱ的安装（见图 8.8）。复合铰链Ⅰ连接好后，可构成三构件组成的复合铰链，也可构成复合铰链+移动副。复合铰链Ⅱ连接好后，可构成四构件组成的复合铰链。

（8）齿轮与主（从）动轴的连接（见图 8.9）。

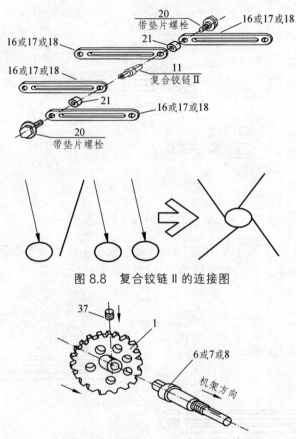

图 8.8　复合铰链Ⅱ的连接图

图 8.9　齿轮与主（从）动轴的连接图

（9）凸轮与主（从）动轴的连接（见图 8.10）。

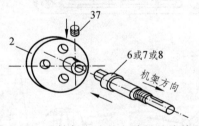

图 8.10　凸轮与主（从）动轴的连接图

（10）凸轮副连接。按图 8.11 连接后，连杆与主（从）动轴间可相对移动，并由弹簧 23 保持高副的接触。

（11）槽轮机构连接（见图 8.12）。拨盘装入主动轴后，应在拨盘上拧入紧定螺钉 37，使拨盘与主动轴无相对运动；同时槽轮装入主（从）动轴后，也应拧入紧定螺钉 37，使槽轮与主（从）动轴无相对运动。

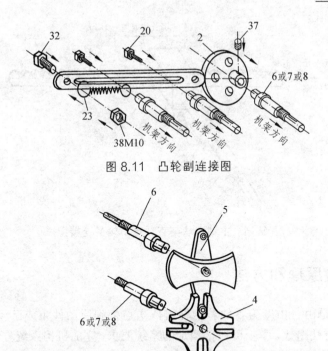

图 8.11 凸轮副连接图

图 8.12 槽轮机构连接图

（12）齿条相对机架的连接。按图 8.13 连接后，齿条可相对机架做直线移动；旋松滑块上的内六角螺钉，滑块可在立柱上沿 *Y* 方向相对移动（齿条护板保证齿轮工作位置）。

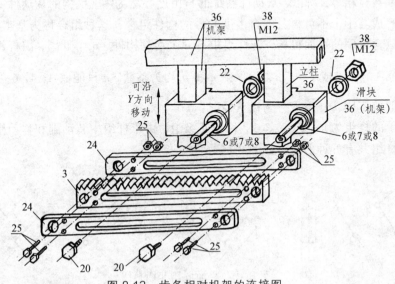

图 8.13 齿条相对机架的连接图

（13）主动滑块与直线电机轴的连接见图 8.14，当滑块作为主动件时，将主动滑块座与直线电机轴（齿条）固连即可，并完成图示连接就可形成主动滑块。

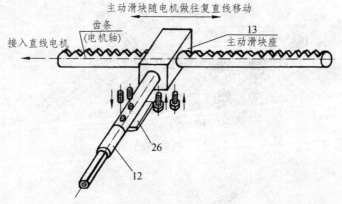

图 8.14　主动滑块与直线电机轴的连接图

8.5　实验原理和方法

任何机构都是由自由度为零的若干杆组依次连接到原动件（或已经形成的简单机构）和机架上的方法组成。学生可根据预定的系统要求，完成机构系统方案初步设计后，利用实验对号机架提供的零件或组件，在实验台上实现自己的设计方案，并用减速电机驱动运行，以检验方案的合理性与可行性。

（1）杆组的概念。

任何机构中都包含原动件、机架和从动件系统三部分。由于机架的自由度为零，一般每个原动件的自由度为 1，而平面机构具有确定运动的条件是机构的原动件数目与机构的自由度数目相等，所以，从动件系统的自由度必然为零。机构的从动件一般还可以进一步分解成若干个不可再分的自由度为零的构件组合，这种组合称为基本杆组。

对于只含低副的平面机构，若杆组中有 n 个活动构件、p_1 个低副，因杆组自由度为零，故有 $3n-2p_1=0$ 或 $p_1=\dfrac{3}{2}n$。为保证 n 和 p_1 均为整数，n 只能取 2，4，6，…等偶数。根据 n 的取值不同，杆组可分为以下情况：

最简单的杆组为 $n=2$，$p_1=3$，称为 Ⅱ 级组。由于杆组中转动副和移动副的配置不同，Ⅱ 级杆组共有五种形式，如图 8.15 所示。

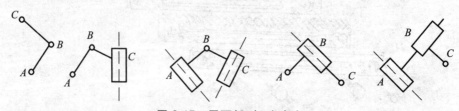

图 8.15　平面低副 Ⅱ 级杆组

Ⅲ 级杆组形式较多，其中 $n=4$，$p_1=6$。图 8.16 所示为机构创新模型已有的几种常见的 Ⅲ 级杆组。

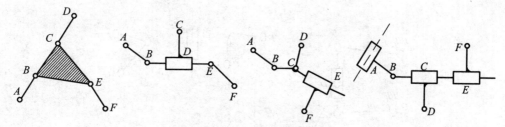

图 8.16　平面低副Ⅲ级杆组

（2）机构的组成原理。

任何平面机构均可以用若干个基本杆组依次连接到原动件和机架上去的方法来组成，这是本实验的基本原理。

（3）正确拆分杆组的三个步骤。

① 先去掉机构中的局部自由度和虚约束，有时还要将高副低代。

② 计算机构的自由度，确定原动件。

③ 从远离原动件的一端（即执行构件）先试拆分Ⅱ级杆组，若拆不出Ⅱ级杆组时，再试拆Ⅲ级杆组，即由最低级别杆组向高一级杆组依次拆分，最后剩下原动件和机架。

正确拆分杆组的判定标准：拆去一个杆组或一系列杆组后，剩余的必须仍为一个完整的机构或若干个与机架相连的原动件，不许有不成组的零散构件或运动副存在，否则就是拆分错误。每当拆出一个杆组后，再对剩余机构拆杆组，并按步骤③进行，直到全部杆组拆完，只剩下与机架相连的原动件为止。

（4）确定机构的级别（由拆分出的最高级别杆组而定，如最高级别为Ⅱ级杆组，则此机构为Ⅱ级机构）。

注：同一机构所取的原动件不同，有可能成为不同级别的机构。但当机构的原动件确定后，杆组的拆法是唯一的，即该机构的级别一定。

若机构中含有高副，为研究方便起见，可根据一定条件将机构的高副以低副来代替，然后再进行杆组拆分。

如图 8.17 所示机构，先去掉 k 处的局部自由度，再计算机构的自由度：$F = 3n - 2p_1 - p_H = 3 \times 8 - 2 \times 11 - 1$，并设凸轮（与杆件 1 固连）为原动件。按拆分原则，先拆分出由杆件 4、5，2、3，6、7 组成的三个Ⅱ级杆组，再拆分出由杆件 8 组成的单构件高副杆组，最后剩下的是原动件 1 和机架 9。图 8.17 机构为Ⅱ级机构。

（5）正确拼装杆组。

根据拟订的机构运动学尺寸，利用机构运动创新方案实验台提供的零件按机构运动传递顺序进行拼接。拼接时，首先要分清机构中各构件所占据的运动平面，并且使各构件的运动在相互平行的平面内进行，目的是避免各运动构件发生干涉。然后，以实验台机架铅垂面为拼接的起始参考面，所拼接的构件以原动构件起始，依运动传递顺序将各杆组由里（参考面）向外进行拼接。

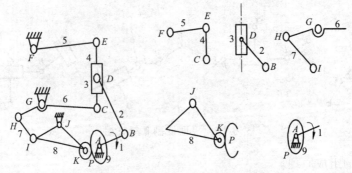

图 8.17　杆组拆分例图（锯木机机构）

8.6　实验步骤

（1）熟悉"机构运动创新设计实验台"的多功能零件，按照自拟的机构运动方案或选择实验指导书中提供的运动方案，在桌面上进行机构的初步实验组装。这一步的目的是杆件分层：一方面为了使各个杆件在相互平行的平面内运动；另一方面为了避免各个杆件、各个运动副之间发生运动干涉。

（2）按照步骤（1）设计好的分层方案，使用实验台的多功能零件，从最里层开始，依次将各个杆件组装连接在机架上。包括构件杆的选取，转动副的连接，移动副的连接，凸轮、齿轮、齿条与杆件用转动副连接，凸轮、齿轮、齿条与杆件用移动副连接，杆件以转动副的形式与机架连接，杆件以移动副的形式与机架连接。

（3）根据输入运动的形式选择原动件。若输入运动为转动（工程实际中以柴油机、电动机等为动力的情况），则选用双轴承式主动定铰链轴或蜗杆为原动件，并使用电机通过软轴联轴器进行驱动；若输入运动为移动（工程实际中以油缸、气缸等为动力的情况），可选用直线电机驱动。

（4）试用手动方式摇动或推动原动件，观察整个机构各个杆、副的运动，全部畅通无阻后，安装电机，用柔性联轴器将电机与机构相连。

（5）检查无误后，打开电源试机。

（6）通过动态观察机构系统的运动，对机构系统的工作到位情况、运动动力学特性做出定性的分析和评价。一般包括以下几个方面：

① 各个杆、副是否发生干涉；

② 有无"憋劲"现象；

③ 输入转动原动件是否曲柄；

④ 输出杆件是否具有急回特性；

⑤ 机构的运动是否连续；

⑥ 最小传动角（或最大压力角）是否超过其许用值，是否在非工作行程中，对机构运动过程是否产生刚性或柔性冲击；

⑦ 机构是否灵活、可靠地按照设计要求运动到位；

⑧ 自由度大于 1 的机构，其几个原动件能否使整个机构的各个局部实现良好的协调动作；

⑨ 控制元件的使用及安装是否合理，是否按预定的要求正常工作。

（7）若观察机构系统运动发生问题，则按前述步骤进行组装调整，直至该模型机构灵活、可靠地完全按照设计要求运动。

（8）至此学生已经用实验方法自行确定了设计方案和参数，再测绘自己组装的模型，换算出实际尺寸，填写实验报告，包括按比例绘制正规的机构运动简图，标注全部参数，计算自由度，划分杆组，指出自己有所创新之处，指出不足之处并简述改进的设想。

（9）教师验收合格，鉴定总体演示效果，作为创新及动手环节的评分依据。

运动方案举例：

（1）自动车床送料机构。

结构说明：如图 8.18 所示，自动车床送料机构由平底直动从动件盘状凸轮机构与连杆机构组成。当凸轮转动时，推动杆 5 往复移动，通过连杆 4 与摆杆 3 及滑块 2 带动从动件 1（推料杆）做周期性往复直线运动。

工作特点：一般凸轮为主动件，能实现较复杂的运动规律。

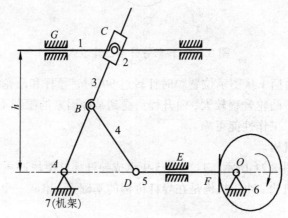

图 8.18　自动车床送料机构

（2）铸锭送料机构。

结构说明：如图 8.19 所示，滑块为主动件，通过连杆 2 驱动双摇杆 ABCD，将从加热炉出料的铸锭（工件）送到下一工序。

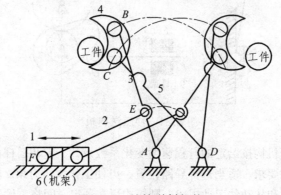

图 8.19　铸锭送料机构

81

工作特点：图中实线位置为加热炉铸锭进入装料器 4 中，装料器 4 即为双摇杆机构 *ABCD* 中的连杆 *BC*，当机构运动到虚线位置时，装料器 4 翻转 180°把铸锭卸放到下一工序的位置。例如：加热炉出料设备、加工机械的上料设备等。

（3）转动导杆与凸轮放大升程机构。

结构说明：如图 8.20 所示，曲柄 1 为主动件，凸轮 3 和导杆 2 固连。

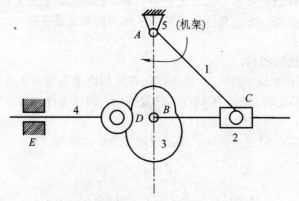

图 8.20　转动导杆与凸轮放大

工作特点：当曲柄 1 从图示位置顺时针转过 90°时，导杆和凸轮一起转过 180°。图 8.20 所示机构常用于凸轮升程较大，而升程角受到某些因素的限制不能太大的情况。该机构制造安装简单，工作性能可靠。

（4）冲压送料机构。

结构说明：如图 8.21 所示，1-2-3-4-5-9 组成导杆摇杆滑块冲压机构，由 1-8-7-6-9 组成齿轮凸轮送料机构。冲压机构是在导杆机构的基础上，串联一个摇杆滑块机构组合而成的。

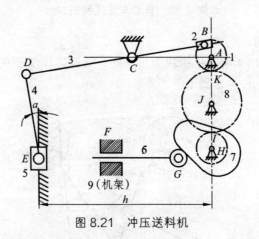

图 8.21　冲压送料机

工作特点：导杆机构按给定的行程速度变化系数设计，它和摇杆滑块机构组合可达到工作段几近于匀速的要求。适当选择导路位置，可使工作段压力角 α 较小。按机构运动循环图确定凸轮工作角和从动件运动规律，则机构可在预定时间将工件送至待加工位置。

（5）插床的插削机构。

结构说明：如图 8.22 所示，在 ABC 摆动导杆机构的摆杆 BC 反向延长的 D 点上加二级杆组连杆 4 和滑块 5，成为六杆机构。在滑块 5 固接插刀，该机构可作为插床的插削机构。

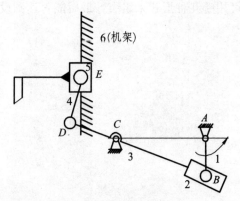

图 8.22　插床的插削机构

工作特点：主动曲柄 AB 匀速转动，滑块 5 在垂直 AC 的导路上往复移动，具有较大急回特性。改变 ED 连杆的长度，滑块 5 可获得不同的运动规律。

（6）曲柄滑块机构与齿轮齿条机构的组合。

结构说明：图 8.23 所示机构由偏置曲柄滑块与齿轮齿条机构串联组合而成，其中下齿条为固定齿条，上齿条做往复移动。

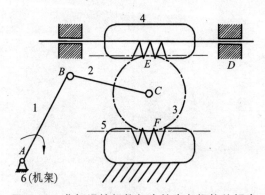

图 8.23　曲柄滑块机构与齿轮齿条机构的组合

工作特点：此组合机构最重要的特点是上齿条的行程比齿轮 3 的铰接中心点 C 的行程大一倍。此外，由于齿轮中心 C 的轨迹对于点 A 偏置，所以上齿条和往复运动有急回特性。

当主动件曲柄 1 转动时，通过连杆 2 推动齿轮 3 与上、下齿条啮合传动。下齿条 5 固定，上齿条 4 做往复移动，齿条移动行程 H = 4R（R 为齿轮 3 的半径），故采用此种机构可实现行程放大。

8.7　思考题

（1）何为机构创新方案？

（2）你设计或选择的机构系统方案在实验台上组装后是否合理？

（3）你设计的方案可用哪几种形式来组装？最后能否达到设计要求？